Besser bauen, besser wohnen
Das 100-Ideen-Buch

Impressum

MIX
Papier aus verantwortungsvollen Quellen
FSC® C084279
FSC
www.fsc.org

Das für dieses Buch verwendete FSC®-zertifizierte Papier
Profibulk lieferte IGEPA

1. Auflage 2015

Einbandgestaltung: Susanne Hermann, Fotos Vorderseite:
Johannes Kottjé, Marktredwitz (Projekt: Baurmann.Dürr Architekten, Karlsruhe)
Grafische Gestaltung: Achim Linhardt
Lithografie: Helio Repro, München
Druck und Bindung: Print Consult, München
Printed in Germany
ISBN: 978-3-421-03674-2

www.dva.de

Achim Linhardt

Besser bauen, besser wohnen

Das 100-Ideen-Buch

Deutsche Verlags-Anstalt

Inhalt

Hinweis: Die Zahlen in Klammern beziehen sich auf die Seitenzahlen

Einführung

Sich ein Haus zu bauen, ist für viele eine einmalige und große Unternehmung. Schließlich geht es darum, der eigenen und der Zukunft der engsten Angehörigen einen Rahmen zu geben, oft gedacht für das ganze weitere Leben. Es ist also jeder Mühe wert, sich gründlich mit dem Hausbau auseinanderzusetzen und die Dinge reiflich zu bedenken. Das Ziel wird immer sein, mit den verfügbaren Mitteln das Bestmögliche zu erreichen. Wer sich sein Haus baut, der will am Ende sagen können, es sei das für ihn beste Haus geworden. Und er sollte das auch nach Jahren noch sagen können, denn die Zeit bringt neue Anforderungen und verändert die Gewohnheiten.

Das »beste« Haus ist nicht für jeden das Beste. Was dem einen wichtig ist, mag einem anderen nebensächlich sein. Und was jeweils das Beste ist, hängt sehr von den Lebensgewohnheiten, persönlichen Vorlieben und Abneigungen ab und unterliegt zumeist auch Beschränkungen, wie den Bedingungen eines Standortes oder einem begrenzten Baubudget. Die eigene Sicht der Dinge verstellt dabei oft den Blick für das Mögliche. Vieles wird erst gar nicht erwogen, weil es auf den ersten Blick unrealistisch oder gar abwegig erscheint. Und nicht selten stehen insbesondere die finanziellen Beschränkungen so sehr im Vordergrund, dass gleichsam mit verengtem Blick geplant wird. Vieles Wünschenswerte wird dabei ausgesondert und erst gar nicht ernsthaft geprüft, ob tatsächlich darauf verzichtet werden muss.

Dieses Buch versucht den Blick frei zu machen von all dem, was ihn im Einzelfall verstellen mag. Das Buch lädt dazu ein, über Ihren Hausbau so nachzudenken, als gäbe es keine Beschränkungen. Hierzu werden Ideen vorgestellt, die dazu beitragen können, Probleme zu lösen oder zu beseitigen, die sich bei der Planung Ihres Hauses stellen mögen. Die Ideen verstehen sich als Anregungen, manchmal auch Empfehlungen. Was davon für Sie von Nutzen sein kann, hängt von den Umständen Ihres Bauvorhabens ab, mehr aber davon, worüber nachzudenken Sie bereit sind.

Die Ideen dieses Buches sind lose nach Themen sortiert. Es lag fern, hier eine Systematik vorzulegen, auch über die Zuordnung der Ideen kann man unterschiedlicher Meinung sein. Es ging nur darum, eine gewisse Ordnung zu schaffen, die es dem Leser erleichtert, sich zurecht zu finden.

Da bei allen Überlegungen zum Bauen zumeist auch das Geld eine Rolle spielt, ist darauf auch gesondert einzugehen:

Bei der Planung eines Hauses werden Hunderte von Einzelentscheidungen getroffen, die jede für sich die Kosten beeinflusst. Viele dieser Entscheidungen folgen den Gewohnheiten der verschiedenen Baubeteiligten oder den Vorbildern aus der Nachbarschaft und aus Zeitschriften. Das ist nur selten zum Vorteil der Finanzen des Bauherrn. Doch oft gibt es auch die Möglichkeit, Dinge anders zu machen und damit Geld zu sparen.

Eine Reihe der hier angeführten Ideen behandelt solche Möglichkeiten, das Baubudget zu entlasten, um Spielräume zu schaffen für die Verwirklichung von Wünschen, die sonst unerfüllt blieben.

Es wurde schon eingangs angemerkt, dass Häuser nicht nur für das Heute und Morgen geplant werden, sondern dass sie Wohn- und Lebensraum auf Dauer sein sollen. Das können Häuser aber nur dann leisten, wenn bereits bei ihrer Planung an die Anforderungen gedacht wird, die möglicherweise (oder mit Sicherheit) in späterer Zukunft an sie gestellt werden. Welcher Art diese sein können, ist allgemein und hinreichend bekannt:

Planmäßige Szenarien sind der Auszug der Kinder, das Älterwerden, zeitweise Beeinträchtigung der Beweglichkeit durch Krankheit oder Unfall, aber auch die Aufnahme von Angehörigen. Nicht planbar, aber keineswegs unmöglich sind Szenarien wie die Trennung von Paaren, andauernde körperliche Beeinträchtigung oder die Pflegebedürftigkeit eines Bewohners.

Wir alle wissen, dass diese Dinge geschehen, doch wir sprechen nicht oder zumindest nicht gern darüber. Das gilt auch für die Planung: Diese Themen werden allenfalls am Rande behandelt oder ganz ausgespart. Das ist einerseits verständlich, weil man Unangenehmes gern verdrängt, andererseits völlig realitätsfern, da zumindest sicher ist, das wir im Haus älter werden.

Dabei wäre schon viel gewonnen, wenn zumindest diesem Umstand bei der Planung Rechnung getragen würde. Denn die meisten Anforderungen, die das Älterwerden der Bewohner an die Wohnung und das Haus stellt, sind faktische Verbesserungen im Sinne von sicherem und bequemem Wohnen. Wer Häuser genau betrachtet, wird auf viele Unbequemlichkeiten stoßen, die beim Bau in Kauf genommen wurden, sei es um Kosten oder Platz zu sparen oder die zustande kamen, weil man einfach nicht daran gedacht hat, das besser zu machen: auch junge Leute rutschen auf glatten Fliesen in der Dusche aus, und Steckdosen knapp über dem Fußboden sind auch für eine Mutter mit einem Kind auf dem Arm eine Zumutung.

Schon aus diesen beiden Beispielen ist zu ersehen, dass diese Dinge nicht immer mit den Kosten zu tun haben. An viele derartige Kleinigkeiten wird schlichtweg nicht gedacht.

Zwar hält es wohl jeder für vernünftig, beizeiten zu überlegen, wie und wo man im Alter wohnen möchte, doch meistens bleibt es bei dieser Einsicht. Alternativen zum Wohnen im eigenen Haus werden erwogen; Realität ist aber, dass die große Mehrzahl der Betroffenen am liebsten am angestammten Platz alt werden will und im Haus verbleibt, solange es irgend geht. Wenn es also schon so ist und es auch dem Wunsch der Mehrheit entspricht, dann sollten Haus und Wohnung dafür geplant und eingerichtet werden.

Legende

In den Zeichnungen werden folgende Abkürzungen verwendet:

ELW	Einliegerwohnung
ab	Abstellraum
az	Arbeitszimmer
ba	Bad
bk	Balkon
db	Duschbad
di	Diele
el	Elternschlafzimmer
es	Essen
ga	Garage, Carport
gb	Garderobe
gz	Gästezimmer
ha	Hausanschlussraum
hw	Hauswirtschaft
ke	Keller
ki	Kinderzimmer
ko	Kochen, Küche
kr	Kellerersatzraum
lo	Loggia
sa	Sauna
sb	Schwimmbecken/-teich
sk	Speisekammer
sp	Spielzimmer
sz	Schlafzimmer
sr	Schrankraum
te	Terrasse
tk	Technikraum
wb	Wasserbecken
wc	Toilette
wf	Windfang
wo	Wohnen, Wohnbereich

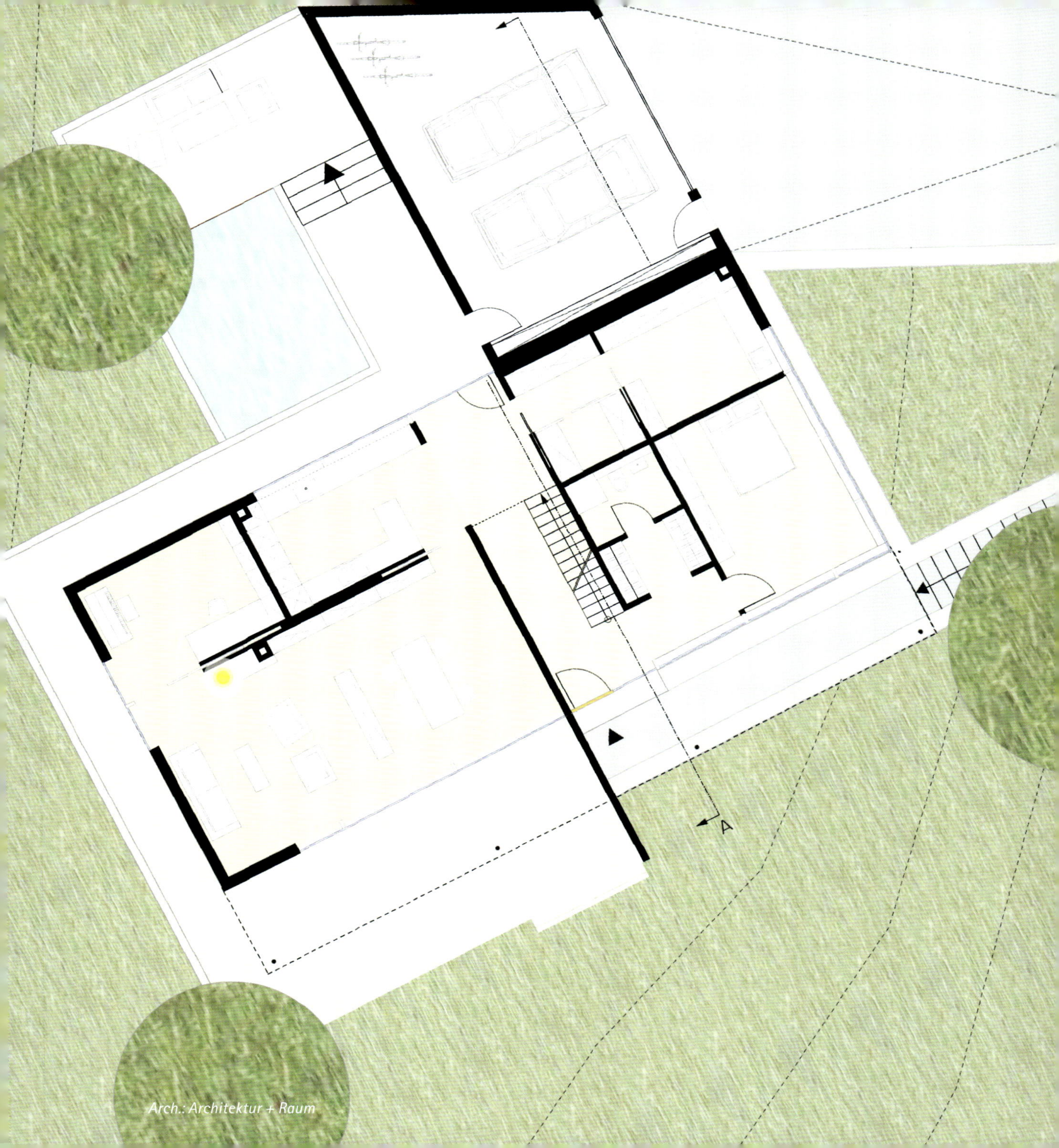

Arch.: Architektur + Raum

(Arch.: Becher + Hatzijordanou)

Hauszugang und -eingang

1 Geschützter Hauseingang

Wer kennt das nicht, die Haustüre ist verschlossen, in den Händen Einkaufstüten, und es regnet in Strömen: Wo ist der Haustürschlüssel? Das kann man sehr viel angenehmer haben, wenn der Bereich vor der Haustüre gegen Regen, Schnee und am besten auch gegen Wind geschützt ist. Wie wichtig dieser Schutz ist, zeigen die unzähligen und oft auch unsäglichen nachträglich angebrachten Provisorien. Besser, man denkt gleich beim Bauen daran, damit eine schöne und konstruktiv durchdachte Lösung realisiert werden kann.

Damit kann – über den Witterungsschutz hinaus – der Hauseingang architektonisch hervorgehoben und das ganze Haus aufgewertet werden. Das war früher das Anliegen eines jeden Bauherrn. Dann fiel dieser Luxus dem Rotstift zum Opfer und geriet in Vergessenheit. Oder man begnügt sich mit einem vorgesetzten Glasdach, das seinen Minimalzweck erfüllt, darüber hinaus aber zumeist keine architektonische Wirkung entfaltet.

Den auf dieser Doppelseite gezeigten Beispielen kann man diese Wirkung nicht absprechen. Sie alle machen aber deutlich, dass der Hauseingang als repräsentatives Architekturelement ausgedient hat. Er wird dem Konzept des Grundrisses untergeordnet und befindet

1.1: Dieser anspruchsvoll gestaltete Hauseingang bietet einen minimalen Schutz vor Regen und Schnee; vor Wind schützt er nicht. (Arch.: baurmann.dürr)

1.2: Der aus der Fassade zurückgenommene Hauseingang schützt auch bei stürmischem Wetter. (Arch.: baurmann.dürr)

1.3: Das über Eck auskragende Vordach markiert den Hauseingang und »fängt« den Ankommenden gleichsam »ein«. (Arch.: Becher + Hatzijordanou)

sich an der funktional richtigen Stelle, nicht dort, wo er am meisten Wirkung erzielt.

Bei allen Vordachkonstruktionen ist darauf zu achten, dass keine Wärmebrücken entstehen. Das betrifft besonders Fassaden mit Wärmedämmverbundsystemen; hier erfordern vor allem scheinbar oder tatsächlich auskragende Konstruktionen besondere Maßnahmen. Konstruktiv einfacher gestaltet sich das bei homogenem Mauerwerk und bei Fassadenbekleidungen mit Holz oder Fassadenplatten.

Besondere Beachtung verdient die Entwässerung der Vordachfläche, wenn Schmutzfahnen an der Fassade vermieden werden sollen. Um sichtbare Ablaufrohre zu umgehen, wird die Entwässerung häufig verdeckt geführt.

1.4 : Vordach, Eingangstüre und Seitenverglasungen bilden eine formale Einheit. Vorteilhaft ist die Anordnung des Vordachs unmittelbar über der Türe (→ Seite 11). (Arch.: Becher + Hatzijordanou) ◂◂

1.5: Witterungs- und Sichtschutz zugleich bietet dieser Vorbau. Wand und Dach schaffen einen großzügigen Vorraum. Nur bei starkem Wind aus der falschen Richtung kann es ungemütlich werden. (Arch.: baurmann.dürr) ◂

2 Windfang

Häuser und Wohnungen sollen großzügig wirken. Das gilt auch für den Eingangsbereich. So gelangt man in vielen Häusern durch die Haustüre sofort in eine Diele, die das ganze Haus erschließt. Und jeder, der das Haus betritt, bringt Wind und Wetter mit. Der »gute alte Windfang«, der das verhindert, ist der Großzügigkeit zum Opfer gefallen. Oder dem Rotstift, denn natürlich braucht der Windfang Fläche, Wände, eine zusätzliche Türe oder andere abtrennende Bauteile. Doch wer hier spart, verrechnet sich leicht.

Wir stellen hohe Anforderungen an die Wärmedämmung unserer Häuser, und nach den geltenden Vorschriften müssen Wohngebäude luftdicht sein. Doch wer auf den Windfang verzichtet, nimmt unkontrollierte Wärmeverluste in Kauf, die auf Dauer Geld kosten. Es geht aber auch um Komfort: Steht irgendwo ein Fenster offen, so »zieht es« im ganzen Haus, wenn jemand die Haustüre öffnet; und im Winter beeinträchtigt kalter Luftzug die Behaglichkeit sehr.

Es gibt noch einen weiteren guten Grund, den Hauszugang mit einem Windfang zu schützen: Wer von draußen ins Haus kommt, bringt zumindest bei schlechtem Wetter Nässe und Schmutz ins Haus. Hier braucht es einen strapazierfähigen und leicht zu reinigenden Bodenbelag wie Keramik-, Naturstein- oder Kautschukbeläge. Ist ein solcher Belag nicht auch für den an den Eingang anschließenden Bereich vorgesehen, so zeichnet sich der Windfang durch den Wechsel des Fußbodenbelags ab. Sind die an den Windfang anschließenden Räume oder Bereiche mit nässeempfindlichen und nicht kratzfesten Bodenbelägen wie Parkett ausgestattet, sollte im Windfang ein schmutzaufnehmender Bodenbelag oder eine sog. »Sauberlaufmatte« vorgesehen werden. Der Windfang kann auch als Garderobe dienen, in der verschmutzte Schuhe

2.1: Im Zuge des Umbaus wurde ein Windfang angebaut. (Arch.: baurmann.dürr)

2.2: Mit dem Anbau erhielt das Haus ein Gäste-WC und eine Garderobe .

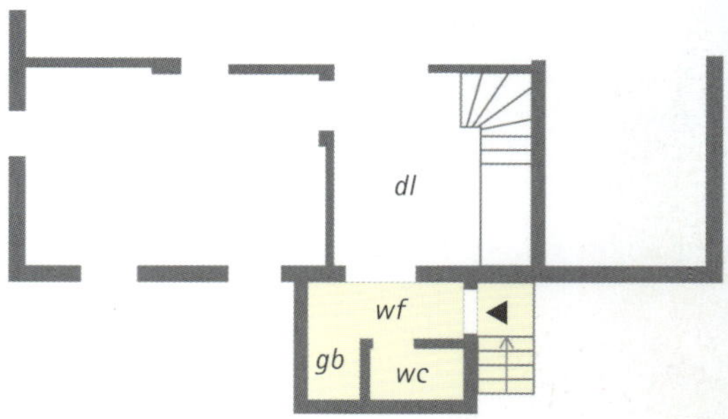

und nasse Bekleidung abgelegt werden, ehe man die Diele oder den Wohnbereich betritt.

Der Windfang muss kein baulich abgeschlossener Raum sein; die (nahezu) gleiche Wirkung ist auch mit einem schweren Vorhang zu erzielen, wie man es von Restaurants kennt.

Wo ein Windfang fehlt, wird er nicht selten nachträglich ein- oder – sehr viel häufiger – angebaut. Man findet diese oft skurrilen Vorbauten landauf-landab, nicht immer zum Vorteil der Ansicht und selten so überzeugend, wie beim nebenstehenden Beispiel. Teilweise begünstigen die Bundesländer die nachträgliche Errichtung solcher Eingangsvorbauten durch baurechtliche Vereinfachungen.

2.3: Der bislang offene Hauszugang sollte mit einem Windfang geschützt und optisch aufgewertet werden. Hierzu wurde ein Korpus aus wasserfest verleimtem Furnierschichtholz an die Fassade angehängt (→ 2.4). Eine rahmenlose Verglasung schützt den neuen Vorraum, lässt ihn aber offen erscheinen. Der möbelartige Charakter des Anbaus wird unterstrichen durch die vorgestellte Stahltreppe, von der man hofft, dass sie noch da ist, wenn man das Haus wieder verlassen will. (Architekten: Günther & Schabert)

2.4: Bei der Montage. Der Korpus hängt über dem Gelände, so gibt es keine Probleme einer Abdichtung gegen Erdfeuchte oder Oberflächenwasser. ▸

2.5: Auch bei diesem Haus (→ 35.1) wurde ein Windfang an die Hausfassade mit Konsolen angehängt. (Arch.: Atelier Werner Schmidt) ◂◂

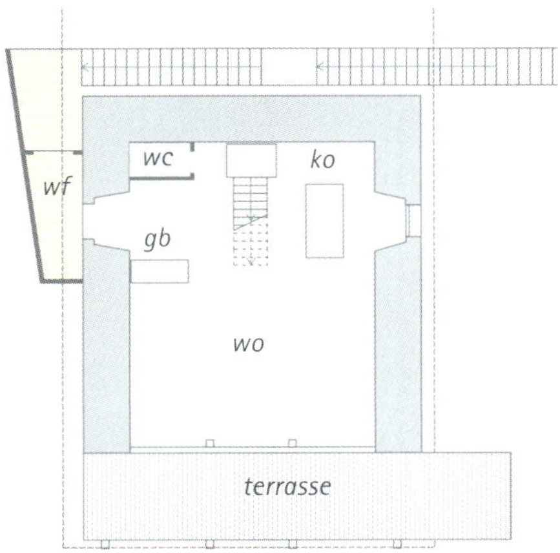

2.6: Der Windfang (→ 2.5) wird über eine Stahltreppe von unten her erreicht. ◂

3 Hauszugang mit Rampe

Der Zugang zum Haus muss immer etwas höher liegen als das anschließende Gelände. So wird verhindert, dass Oberflächenwasser ins Haus gelangt. Besteht keine Hochwassergefahr, genügt bereits eines Stufe, um dies sicherzustellen. Häufig sind aber mehr Stufen erforderlich, z. B. bei Hanglagen oder wenn Räume im Untergeschoss Fenster haben sollen, die nicht nur über Schächte Licht erhalten.

Doch Stufen sind hinderlich. Sie erschweren den Zugang mit Kinderwagen und den Transport schwerer Gegenstände. Und sie werden zum Problem, wenn die Beweglichkeit durch Unfall oder Krankheit eingeschränkt ist und Gehhilfen oder ein Rollstuhl benötigt werden.

In all diesen Fällen ist es vorteilhaft, wenn das Haus über eine Rampe zugänglich ist. Sie später im Bedarfsfall hinzuzufügen, ist mit erheblichem Aufwand verbunden, oft auch unmöglich, wenn bei der Planung des Zugangs nicht bereits daran gedacht wurde. Am günstigsten ist es, wenn die Rampe mit dem Neubau erstellt wird. Dann kann sie Treppenstufen ersetzen, was den Mehraufwand, den der Bau einer Rampe bedingt, zu einem großen Teil aufwiegt.

Für alle Eventualitäten sollten Rampen so ausgeführt werden, dass sie von Rollstuhlfahrern ohne Hilfe benutzt werden können. Für diesen Fall darf die Steigung sechs Prozent nicht übersteigen. Diese geringe Steigung bedingt große Rampenlängen: Für die Überwindung eines Höhenunterschieds von zwei Stufen ist bereits eine Rampe von sechs Metern erforderlich. Ist eine Rampe dieser Länge z. B. vor einem Reihenmittelhaus mit geringem Vorplatz nicht anzuordnen, kann auch eine größere Steigung gewählt werden. Dabei gilt: besser eine steile als keine Rampe.

Ist die Rampe der einzige Zugang zum Haus, muss man darauf achten, dass nicht schon das normale Begehen beschwerlich wird, was eine maximale Steigung von zehn bis zwölf Prozent erlaubt. Ergänzt die Rampe den Zugang über eine Treppe, liegt die Obergrenze für die Steigung bei etwa 20 Prozent, eine Steigung, die mit Elektroantrieb gerade noch zu überwinden ist.

3.1: Etwa drei Stufen werden hier durch eine Rampe ersetzt. (Foto: Wetzler)

3.2: Die als Rampe ausgebildete Verbindung von Hauseingang und Garagenzufahrt ist im Alltag bequem und schafft barrierefreien Zugang (Foto: Bien-Zenker GmbH)

3.3: Durch die Lage nahe zu Rhein und See musste das Wohngeschoss angehoben werden. Zum Haupteingang führt eine lange Rampe. Dadurch wird die barrierefreie Ausführung der im Erdgeschoss befindlichen Wohnung gewährleistet.

Rampen können auch Richtungswechsel aufweisen, z. B. um 90 Grad abknicken. Für solche Richtungswechsel sind aber Podeste vorzusehen, eine Drehung um 90 Grad im Steigungsbereich ist nicht zulässig. Podeste verlängern zwar die Rampenlänge, doch oft ist dies die beste Lösung. Die Breite der Rampe sollte mindestens 1,20 Meter betragen.

Schutzeinrichtungen wie Geländer oder Borde sind nicht erforderlich, solange die Rampe nicht regelmäßig von Rollstuhlfahrern benutzt wird. Bei Bedarf können diese Einrichtungen nachträglich angebracht werden. Ein Geländer ist aber überall dort vorzusehen, wo die Absturzhöhe einen Meter übersteigt.

Für die Nutzung durch Rollstuhlfahrer müssen Rampen an den freien Seiten mit einer radabweisenden Begrenzung ausgestattet sein. Diese kann allerdings zur bösen Stolperfalle für Fußgänger werden. Deshalb wird man bei geringer Höhe darauf verzichten und bei größerer Höhe zusätzlich ein Geländer anbringen.

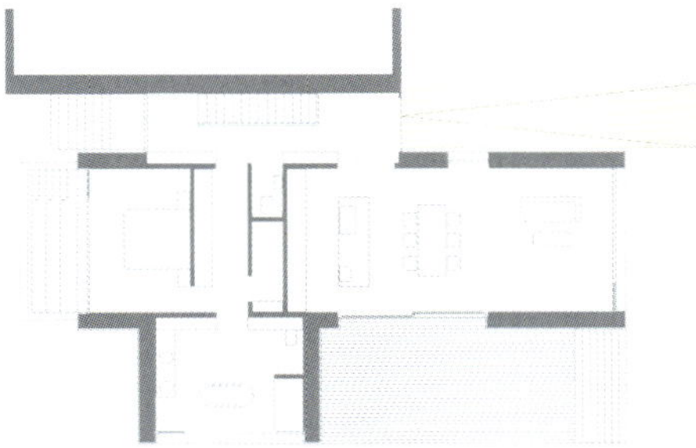

3.4: Der Hauseingang und der anschließende Treppenraum bilden eine Baufuge zum Nachbargebäude. Damit wird das angebaute Gebäude freigestellt. (Arch.: Schroetter-Lenzi)

3.5: Das Erdgeschoss kragt süd-, west- und nordseitig über das Untergeschoss aus. Dadurch scheint der Baukörper zu schweben.

4 Beleuchtung des Hauseingangs

Eine Eingangsleuchte an der Haustüre wird bei keinem Haus fehlen: Natürlich brauchen Sie Licht, wenn Sie nachts nachhause kommen und in Ihrer Tasche nach dem Schlüssel suchen. Auch soll dafür gesorgt sein, dass Treppenstufen oder sonstige Stolperfallen nicht übersehen werden. Doch soll die Eingangsbeleuchtung nicht nur »Licht ins Dunkel bringen«, sie soll auch der Sicherheit dienen.

Dazu gehört das automatische Anschalten, wenn sich jemand der Türe nähert, was auch komfortabel ist, wenn man keine Hand frei hat, um einen Taster zu drücken. Hier hilft ein Bewegungsmelder oder eine Lichtschranke.

Die Beleuchtung soll

- die Fläche vor der Haustüre ausleuchten,
- so hell sein, dass sie ungebetene Gäste abschreckt,
- das Gesicht der Besucher durch den Türspion oder die Türkamera gut erkennen lassen, aber
- denjenigen, der vor der Türe steht, nicht blenden.

Das ist mit einer einzigen Leuchte nicht zu bewerkstelligen; man braucht mindestens zwei Leuchten. Eine, die dicht an der Türe (Hauswand) angebracht ist, sodass der Besucher vor der Türe erkennbar ist, und eine, mit der die Fläche vor dem Hauseingang ausgeleuchtet wird. Um Blendung zu vermeiden, muss diese Leuchte ausreichend hoch angebracht sein. Das ist nur bei Vordächern oder durch eine Mastleuchte zu erreichen. Bei Pollerleuchten ist die Helligkeit so zu begrenzen, dass Blendung vermieden wird.

4.1: Eine beleuchtete Hausnummer ist unverzichtbar. Sie muss möglichst auch von der Straße aus gut lesbar sein. Das kann im Notfall Leben retten. (LED-Hausnummernleuchte ATHOS von Massive)

4.2: Ein gut ausgeleuchteter Hauseingang. Auch an die von Weitem sichtbare Hausnummer wurde gedacht. (WERU)

Will man Licht auch zur Abschreckung ungebetener Gäste einsetzen, empfiehlt sich eine separate Leuchte, die abends zu einer bestimmten Zeit aktiviert und am Morgen wieder ausgeschaltet wird. Hierfür können Strahler verwendet werden; auf Blendung braucht dabei nicht geachtet zu werden, sie ist für diesen Fall geradezu erwünscht.

Gibt es ein Zugangstor mit Türstation, muss eine Leuchte vorgesehen werden, die es ermöglicht, das Gesicht eines Besuchers zu erkennen. Diese Leuchte kann zugleich den Zugang zum Haus hin ausleuchten.

Viele Hauseigentümer halten die Beleuchtung der Hausnummer für eine hübsche Dekoration. Tatsächlich aber ist sie die wichtigste und zumeist auch einzige Orientierungshilfe für Gäste, die Sie erstmalig besuchen, für den Taxifahrer, den Sie gerufen haben, und vor allem für Rettungsdienste, Feuerwehr und Polizei, wenn sie im Notfall gebraucht werden. Die Hausnummer muss hierfür in ausreichender Höhe angebracht werden und – soweit das möglich ist – von der Straße aus gut sichtbar sein. Werden hinterleuchtete Ziffern verwendet, sollten diese gut zehn Zentimeter hoch und noch aus einer Entfernung von rund 20 Metern gut lesbar sein. Bei angestrahlten Hausnummern ist für gleiche Erkennbarkeit mindestens die doppelte Größe erforderlich.

Auch der Weg vom Garten oder Hoftor bis hin zum Hauseingang muss beleuchtet sein. Bei guter Sichtverbindung genügt zumeist der beleuchtete Hauseingang. Bei steinigen Wegen oder bei Wegen mit Stufen genügt das nicht. Dann müssen schon aus Gründen der Haftung die gefährlichen Stellen ausreichend beleuchtet sein.

4.3: Der aus der Fassade zurückgezogene Hauseingang wird durch zwei Deckenleuchten erhellt, der Weg dahin wird durch Pollerleuchten. So ist der Bereich vor der Haustüre auch nachts gut zu überblicken (→ 86). (Hummert-Architekten)

4.4: Die dezente Beleuchtung des Weges zum Hauseingang wirkt wie eine zusätzliche Einladung und gibt dem Gehen Sicherheit. Gut geeignet sind Pollerleuchten, in den Boden eingelassene Leuchten leisten das nicht. Sie bieten lediglich eine Orientierungshilfe. (Foto: Fotalia © André Hamann)

Energiesparende Leuchten

Auch bei den Außenleuchten hat die herkömmliche Glühlampe ausgedient. Zwar sind Energiesparlampen eine Alternative, doch der Trend geht auch bei der Außenbeleuchtung immer mehr zur noch energieeffizienteren LED-Technik, zumal diese den Einsatz von Photovoltaikmodulen als Energiequelle begünstigt. Der höhere Anschaffungspreis macht sich über die sehr lange Lebensdauer bezahlt. In ungeschützter Lage müssen Außenleuchten mindestens der Schutzklasse IP44 entsprechen.

5 Gemeinsam geht manches besser

Gemeinsames Bauen ist zumeist eine langwierige Geschichte, die zwar zu schönen Erfolgen führen kann, aber sehr viel persönlichen Einsatz der Bauherren und eine gewisse Kompromissbereitschaft erfordert. Es gibt aber auch Möglichkeiten, von den Vorteilen des gemeinsamen Bauens zu profitieren und dabei ein Höchstmaß an Unabhängigkeit bei der Planung zu erhalten, so z. B. durch eine eher ungewöhnliche Interpretation des Doppelhauses, dem wir in Form zweier an einer Seite aneinandergebauter Häuser landauf landab begegnen.

Das hier vorgestellte Doppelhaus erhält die Eigenständigkeit des freistehenden Hauses; die beiden Häuser treffen sich nur da, wo sie beide einen Vorteil davon haben. Man braucht sich nur vorzustellen, wie eng es hier zuginge,

5.2: Ein Haus im Doppelpack. Gleiche Baukörper, gleiches Erscheinungsbild, doch mit unterschiedlichem Innenleben, ganz nach den Vorstellungen der jeweiligen Bauherren. (Arch.: R S T Richard Stihler)

5.1: Hätte jeder sein »eigenes Ding« gemacht, wäre bei jeweils drei Metern Grenzabstand von Großzügigkeit sicher nicht die Rede gewesen. Die gemeinsame Gestaltung des Eingangs hat Raum geschaffen für gemeinsames Verweilen.

wenn jedes Haus seinen individuell gestalteten Eingang hätte, möglichweise noch mit Markierung der Grundstücksgrenze. So ist es gelungen, einen großzügigen Eingangsbereich zu schaffen, der zu einem netten nachbarlichen Plausch einlädt, bevor jeder sein Haus betritt. Und so kam es dazu:

Lange Zeit hatten eine junge Familie und ein befreundeter Single nach einem geeigneten Grundstück zum Bau eines Doppelhauses gesucht. Die Wahl fiel schließlich auf einen Bauplatz direkt hinter der alten Dorfmauer von Friesenheim, zentral, jedoch ruhig am Ende einer Sackgasse gelegen, allerdings eben und von allen Seiten einsehbar. Ein Ziel war daher, sich durch die Anordnung der Baukörper abzugrenzen und private Räume zu schaffen. Einschränkend waren dabei die lange, schmale Form der Grundstücke, die Erschließung von Süden und das sehr geringe Bau-Budget, das nur eine reduzierte Bauweise zuließ. Aus den Vorgaben entstanden zwei identische Baukörper, die durch einen gemeinsamen Nebenbaukörper mit Eingang und Kellerersatzräumen verbunden sind. Durch diese Anordnung konnte im Süden, auf der Eingangsseite, ein gemeinsamer Hof gebildet werden, der durch das Garagengebäude erschlossen und zugleich abgeschirmt wird. Ein Zaun aus Faserzementplatten trennt die Gärten ab. Mit diesen Platten wurde auch an Garage und Eingangsbereich ein Akzent gesetzt.

Durch den Verzicht auf einen Keller und durch einen hohen Anteil an Eigenleistung konnte der sehr niedrige Kostenrahmen eingehalten werden. Dazu trug auch die Konstruktion aus Mauerwerk mit Wärmedämmverbundsystem sowie aus sichtbar belassenen Stahlbetonfertigteilen als Wand- und Deckenelemente bei. Einziger Luxus ist eine große Verglasung mit Hebe-Schiebe-Element im Wohn-Ess-Bereich. Geheizt wird mit Fußbodenheizung in Gas-Brennwerttechnik, kombiniert mit einem Kaminofen in der Gebäudemitte, der nicht nur die Wohnebene, sondern, über ein freistehendes Kaminrohr, auch das Obergeschoss mit Wärme versorgt, wodurch die laufenden Verbrauchskosten erheblich gemindert werden.

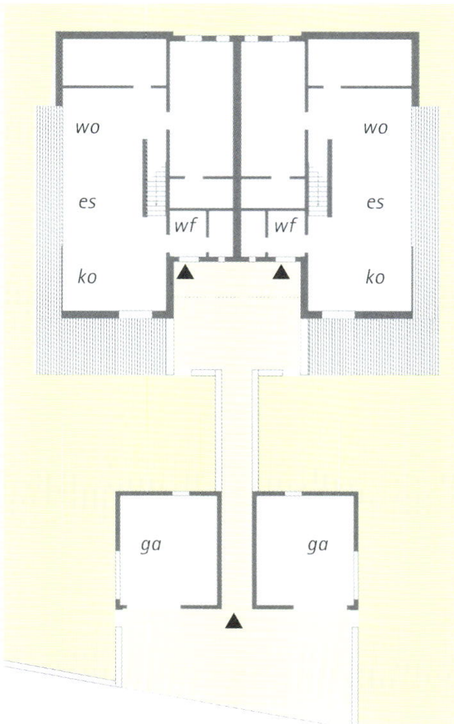

5.3: Grundrisse zum Haus im Doppelpack: Durch das den Häusern vorgelagerte Garagengebäude führt der Zugang zu einem gemeinsamen Hof. Die gemeinsame Erschließung spart Fläche und Kosten und ermöglicht eine bauliche Abschirmung der privaten Freibereiche.

6 Nie mehr den Schlüssel verlieren

Wo ist der Haustürschlüssel? Da, wo er immer ist, ist er jetzt nicht. Hab' ich ihn verlegt? Oder gar verloren? Oder hab ich ihn innen stecken lassen? In den meisten Fällen findet sich das gute Stück. Anderenfalls muss der Schlüsseldienst her, was schon nicht ganz billig wird. Und im schlimmsten Fall muss eine Schließanlage ausgetauscht werden. Bei einer Wohnung im Mehrfamilienhaus kann das leicht mit einem vierstelligen Euro-Betrag enden.

Solchen Problemen können Sie ein für alle mal entgehen: Mit einem Schließsystem mit Fingerprint-Scanner. Damit öffnen Sie Türen und Tore mit dem Daumen oder dem Zeigefinger. Hierzu wird der Fingerabdruck aller derjenigen, die einen »Schlüssel« haben sollen, mit einem Scanner erfasst und nach bestimmten Merkmalen als binärer Code gespeichert. Gängige Systeme können über 100 Abdrücke speichern, das genügt auch für große Familien.

Wird ein Finger auf das an der Türe oder daneben befindliche Scannermodul gelegt, so analysiert das System diesen Abdruck und vergleicht die erkannten Merkmale mit den gespeicherten Codes. Bei Übereinstimmung öffnet sich die Türe. Man nennt das »Zugangskontrolle durch biometrische Authentifizierung«.

6.1: Ist der Fingerabdruck im Verriegelungssystem gespeichert, so kann dieses durch Auflegen des Fingers geöffnet werden. (Gita)

Die Systeme erfüllen sehr hohe Sicherheitsanforderungen. So werden nur »lebende Finger« erkannt. Auch latente Fingerabdrücke (»Fingertapser«) lösen das Öffnen nicht aus. Andererseits behindern kleine Verletzungen oder leichte Verschmutzungen der Finger die Erkennung nicht. Die Systeme sind auch lernfähig, d. h. sie registrieren Veränderungen des Abdrucks durch Wachstum und Altern und korrigieren das gespeicherte Bild entsprechend. Es passiert äußerst selten, dass das System einen gespeicherten Abdruck nicht erkennt. Für solche und andere Notfälle gibt es einen Schlüssel, mit dem ganz konventionell geöffnet und geschlossen werden kann.

Fingerprintsysteme gibt es für einzelne Türen, für Häuser mit mehreren Außentüren sowie für größere Anlagen. Es können auch den Abdrücken verschiedener Finger unterschiedliche Funktionen zugeordnet werden: z. B. der Zeigefinger für die Haustüre, der Mittelfinger für die Garage und der Ringfinger für die Beleuchtung. Das ist nützlich, wenn unterschiedliche Berechtigungen vergeben werden. Die Impulse können (verschlüsselt) über Kabel, Funk oder WLAN übertragen werden.

Hausstation mit Videokamera 7

Eine Türstation an der Haustüre oder am Eingangstor gehört zur selbstverständlichen Ausstattung eines Hauses. Sie umfasst eine Klingel, eine Gegensprechanlage und einen Türöffner. So kann gefragt werden, wer da ist und was der Besucher möchte. Doch wenn es sich um Fremde handelt, bleibt oft Unsicherheit, ob man öffnen soll oder nicht. Und befindet man sich gerade im Obergeschoss, so kann es ärgerlich sein, umsonst an die Haustüre gegangen zu sein.

Solche Unbequemlichkeiten erspart eine Gegensprechanlage mit Videotürkamera. Es geht aber nicht in erster Linie um Komfort, sondern vor allem um ein höheres Maß an Sicherheit. Sie können sehen, wer da etwas von Ihnen will und können entscheiden, ob Sie zu erkennen geben, dass jemand im Haus ist. Eine Videokamera ist also kein Luxus, sondern kann davor bewahren, dass unliebsamen Besuchern geöffnet wird.

Die Kamera erfüllt aber nur dann ihren Zweck, wenn sie so angebracht ist, dass das Gesicht des Besuchers gut zu erkennen ist, und das auch nachts. Sie muss also in der richtigen Höhe montiert sein, und es muss am Hauseingang oder am Tor eine entsprechend wirksame Beleuchtung vorhanden sein. Diese Beleuchtung wird dann mit der Klingel oder bei Annäherung des Besuchers durch einen Bewegungsmelder (oder eine Lichtschranke) eingeschaltet.

7.1: Türstation mit Videokamera, nachträglich eingebaut in eine Torstele aus Betonwerkstein.

Eine Video-Türsprechanlage besteht aus einer Türstation inkl. Infrarotkamera für Tag und Nacht mit VGA-Auflösung 640 x 480 und einem portablen 3,5"-TFT-Monitor, die drahtlos miteinander verbunden sind. Die Türstation wird im geschützten Außenbereich montiert (Schutzart IP55) und kann an bestehende Kabel (Klingel, Türöffner) angeschlossen werden. Der 3,5"-Monitor arbeitet im Akkubetrieb und ist mobil einsetzbar. Das Drücken der Türklingel aktiviert den portablen Monitor und startet das Live-Bild, das gleichzeitig auf einer SD-Karte aufgezeichnet wird. Zudem werden Audio- und Videoübertragungen digital verschlüsselt.

Die Funktion INTERPHONE ruft die Audio-Hausstation. Jede Station ist rufberechtigt, und durch Rufannahme kann zwischen den Stationen gesprochen werden. Dritte können nicht mithören. Mit der Funktion DOOR wird das Kamerabild aktiviert. Die Aktivierung der Kamera an der Außenstation ist nicht erkennbar. Die Funktion OPEN öffnet die Tür von der Innenstation aus.

8 Bewegungsmelder

8.1: Die durch Bewegungsmelder geschaltete Leuchte dient der Abschreckung. (Foto: Mission Wohntraum)

Bewegungsmelder sind mit Sensoren ausgestattet, die Bewegungen im Empfangsbereich erkennen und damit einen oder mehrere Schaltvorgänge auslösen. Es gibt aktive Melder, die elektromagnetische Wellen oder Ultraschall emittieren, und passive Melder, die Infrarotstrahlung erkennen. Welches System gewählt wird, ist vom Verwendungszweck abhängig.

Die passiven Infrarot-Melder reagieren besonders gut auf Winkeländerungen, wie sie durch vorbeigehende Personen ausgelöst werden. Dopplerradar registriert sich ändernde Abstände. HF-Sensoren reagieren auf Bewegungen durch Glas, Holz und Leichtbauelemente hindurch.

Bewegungsmelder sind uns hauptsächlich als Einrichtung zur nächtlichen Sicherung von Außenbereichen bekannt. Sie schalten die Beleuchtung ein, wenn sich im erfassten Bereich etwas bewegt. In dieser Funktionsweise können sie in Alarmanlagen integriert werden.

Um unnötiges Schalten der Beleuchtung und Belästigungen zu vermeiden, ist genau festzulegen, welcher Bereich überwacht werden soll. Geht es nur um den Hauseingang, so können Leuchten mit eingebauten Bewegungsmeldern verwendet werden. Dabei ist darauf zu achten, dass ein Melder eingebaut ist, der einen größeren Erfassungsbereich nach vorn hat. Ist eine umfangreichere Absicherung erwünscht, sind separate Melder vorzusehen. Das ermöglicht die optimale Anordnung der Leuchten unabhängig vom Montageort der Melder. Die verwendeten Bewegungsmelder sollten über eine sogenannte Tierschneise verfügen. Dann löst nicht jede herumstreunende Katze das System aus.

Mit Abdeckstreifen werden am Sensor Flächen abgedeckt, in deren Bereich der Melder nicht schalten soll. Das ist z. B. sinnvoll, wenn Sie in einem Doppelhaus wohnen und die Leuchten nicht schalten sollen, wenn der Nachbar Gäste bekommt. Das gleiche gilt für Sockelleuchten mit integriertem Bewegungsmelder, der nur dann schalten soll, wenn Sie in Ihre Garage einfahren, und nicht bei jedem Auto, das gerade vorbeifährt.

Nach einer am Melder vorzugebenden Zeit wird die geschaltete Funktion wieder deaktiviert, und die Beleuchtung geht wieder aus.

Die geschalteten Leuchten und die eingesetzten Leuchtmittel sind nach dem jeweiligen Zweck auszuwählen: Im Gegensatz zu einer Sicherheitsbeleuchtung sollte die Ausleuchtung des Hauszugangs weder blenden noch abschrecken.

Über eine mit Bewegungsmeldern geschaltete Außenbeleuchtung und deren Ausgestaltung sollte im Zusammenhang mit dem grundsätzlichen Sicherheitskonzept für das Haus entschieden werden.

Denken Sie an die vielen Situationen, in denen man eine dritte Hand bräuchte, um eine Türe zu öffnen oder das Licht anzuschalten. Der Bewegungsmelder als Lichtschalter ist vor allem dort hilfreich, wo eine Dauerbeleuchtung nicht notwendig oder unerwünscht ist, also z. B. in Keller- und Abstellräumen, Treppenhäusern und Garagen.

Raumbeziehungen

9 »Offener« Grundriss

Man wohnt heute offener als früher. Die Wohnungen müssen nicht mehr in viele abgeschlossene Räume unterteilt werden. Viele Familien bevorzugen heute direkte Beziehungen zwischen den verschiedenen Wohnbereichen. Kochen und Essen ist häufig unmittelbar mit dem Wohnbereich verbunden, Treppen im Wohnraum sind nichts Ungewöhnliches. Selbst vor dem Bad hat diese Entwicklung nicht Halt gemacht. Schlaf- oder Wohnbereiche mit Blick auf die Badewanne sind keine Seltenheit mehr.

Wie weit das für Sie akzeptabel ist, hängt von Ihren Gewohnheiten und Vorlieben ab. Und wenn offenes Wohnen für Sie in Frage kommt, dann kann sich das auch hinsichtlich der Kosten sehr vorteilhaft auswirken. Entfällt z. B. durch das Zusammenlegen von Küche und Esszimmer eine Trennwand von etwa 3 m Länge (mit Türe, Elektroinstallation, Fußboden- und Deckenanschlüssen), so erspart das unterm Strich rund 2.500 Euro. Die Kosteneinsparungen dürfen aber nicht das Motiv sein.

Das Ganze findet seine Grenzen in der Statik. Abhängig vom Hauskonzept und vom Grundriss sind bestimmte Wände oder Wandteile (ersatzweise Stützen) erforderlich, wenn sich das Tragwerk des Hauses in einem wirtschaftlichen Rahmen bewegen soll. So zeigt das nebenstehende Beispiel (9.5 – 9.7), wie mit einer Beton-Wandscheibe zu große Spannweiten mit entsprechendem statischen Mehraufwand vermieden werden. Spielt das keine Rolle, gibt es keine diesbezüglichen Beschränkungen.

9.1: An den Küchenbereich mit Küchenzeile und Küchenblock schließt der Essplatz an. (Arch.: Volker Schwab)

9.2: Der Essplatz geht in den Wohnbereich über, dazwischen wie ein Möbel eingestellt der Kamin.

9.5: Eine unbehandelte Betonscheibe dient der Statik und einer gewissen Gliederung des großen L-förmigen Ess- und Wohnbereichs. (Arch.: W. Albrecht)

9.6: Als »klare Kiste« bezeichnete der Architekt dieses Einfamilienhaus. Er meint damit den reduzierten, in ein Quadrat gepackten Grundriss und den einfachen Kubus. ▶

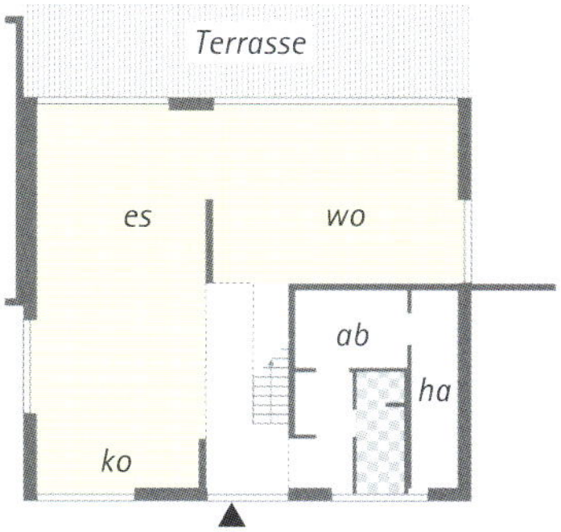

9.7: Und die Fassade zeigt, was man aus einer Kiste machen kann. ▶▶

9.3: Der Wohnbereich ist abgesenkt, um dem großen Raum die nötige Höhe zu verschaffen.

9.4: Grundriss zu 9.1 bis 9.3. Die große Terrasse folgt dem Höhenversatz des Wohnbereichs.

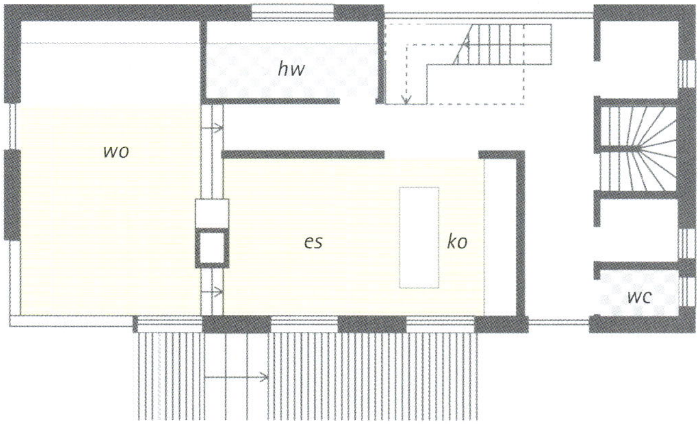

10 Gefangene Räume

Räume nicht über Flure oder Dielen, sondern über andere Räume zu erschließen, spart Fläche. Solche Räume werden »gefangene Räume« genannt, was Nachteile erwarten lässt, tatsächlich aber eine sehr vorteilhafte Lösung sein kann, wenn z. B. der Schlafbereich der Eltern an den Wohnbereich angehängt ist. Diese direkte Anbindung kann – unabhängig von Fragen der Wirtschaftlichkeit – durchaus erwünscht sein, z. B. auch im Hinblick auf die Distanz zum Bereich der Kinder, um Störungen zu vermeiden.

Mit dieser Anordnung kann auch Verkehrsfläche (z. B. für einen Flur) eingespart werden. Wieviel eingespart wird, hängt von der Hausform und der Grundrissausbildung ab. Das Beispiel des abgebildeten Grundrisses zeigt, wie durch die direkte Anbindung des Schlafzimmers die Fläche für eine Eingangsdiele entfallen kann, wobei jeder eingesparte Quadratmeter Wohnfläche eine Ersparnis von 700 bis 950 Euro mit sich bringt. Zudem ermöglicht diese Anordnung den separaten Zugang von außen.

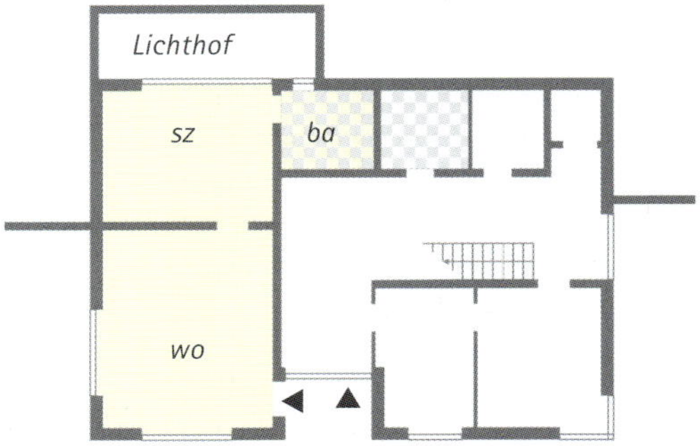

10.2: Schlafzimmer und Bad der Einliegerwohnung werden über den Wohnraum erschlossen. Das erspart mindestens 8 Quadratmeter Geschossfläche.

10.1: Das mit Holz bekleidete Dachgeschoss erscheint als aufgesetztes, eigenständiges Haus. Das Untergeschoss mit Garagen und das Erdgeschoss, in Sichtbeton ausgeführt, treten dabei als eine Art Unterbau zurück. (Fabi Architekten)

10.3: Das Schlafzimmer der Einliegerwohnung wird über einen Lichtschacht belichtet (auf dem Foto im Vordergrund)

Orientierung 11

Unter »Orientierung« versteht man die Ausrichtung des Hauses zur Sonne. Es ist bekannt, dass sich der Sonneneinstrahlung ausgesetzte Bauteile erwärmen. Die Intensität der Wärmestrahlung ist in Südrichtung am größten und nimmt nach Osten wie nach Westen kontinuierlich ab. Am geringsten ist Einstrahlung aus dem Norden. Nun ist die Erwärmung durch die Sonne nicht immer willkommen. Im Sommer kann sie eher unangenehm werden und Sonnenschutz erforderlich machen. Von Vorteil ist die Strahlungswärme aber während der Heizperiode. Es geht also darum, das Haus so zu planen, dass die Sonne dann, wenn Wärme benötigt wird, einen Beitrag dazu leistet.

Aus Abb. 11.3 ist zu ersehen, welche Strahlungsintensität die Sonne je nach Jahreszeit aus den verschiedenen Himmelsrichtungen aufweist. Wie zu erwarten, ist die Einstrahlung aus südlicher Richtung am größten, beachtlich ist aber auch die aus östlicher und westlicher Richtung.

Dabei ist das Strahlungsangebot im Frühjahr und im Herbst, also am Ende und am Anfang der Heizperiode, von besonderem Interesse. Es ist ablesbar, dass am 1. April und am 1. Oktober von Osten über Süden bis Westen eine nahezu gleichmäßige Einstrahlung von 400 bis 500 Watt/qm besteht.

Will man dieses Wärmeangebot nutzen, müssen die Außenwände und insbesondere die verglasten Flächen vorzugsweise danach ausgerichtet (orientiert) sein. Ideal ist demnach ein Baukörper mit großer, nach Süden und kleiner gegen Norden ausgerichteter Oberfläche. Solche, daraufhin optimierte Baukörper sind aber nur auf Grundstücken zu realisieren, deren Topographie das erlaubt (11.1). Diese Idealform muss es aber nicht sein; auch konventionelle, auf dem Quader beruhende Baukörper kann man diesem Prinzip anpassen.

11.1: Für die Nutzung der Sonnenstrahlung optimierter Baukörper: Die Länge des Hauses erlaubt es, die Fenster aller Wohnräume nach Süden auszurichten.

11.2: Die ebenso lange, nur mit kleinen Fenstern versehene Nordwand wirkt sich infolge der heute geforderten Wärmedämmung kaum negativ aus. (H2M Architekten + Stadtplaner)

Charakteristisch für diese Anpassung sind von Süden nach Norden abfallende Pultdächer, großflächige Verglasungen der Südseite (→ 11.1 und 2) und eine weitgehend geschlossene Nordseite. Das Ganze ist aber nur dann zielführend, wenn die Sonne auch tatsächlich die Gebäudeflächen erreicht. Bei großflächiger Verschattung durch Nachbargebäude und größere Bäume werden die Wärmegewinne stark reduziert.

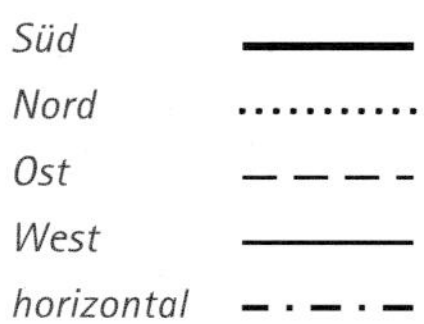

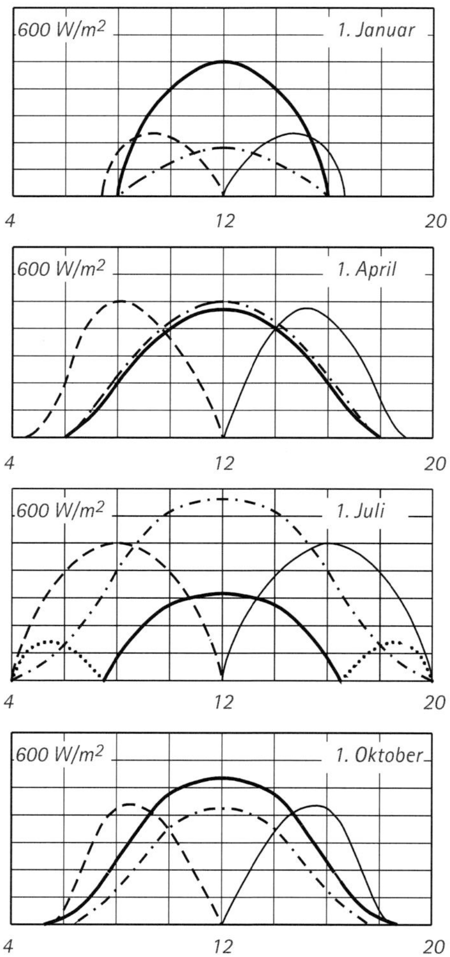

11.3: Strahlungsgang der Sonne über den Tag (4:00 bis 20:00 Uhr)

Je nach Lage des Gebäudes können die Wärmegewinne auch unter diesen Bedingungen verbessert werden, wenn die großflächigen Verglasungen ins obere Geschoss verlegt werden, wo die Verschattung geringer oder überhaupt nicht vorhanden ist. Das setzt aber voraus, dass man das Obergeschoss zum Wohngeschoss macht (→ 15).

Die Strahlungswärme kann nur dann genutzt werden, wenn diese in Bauteilen gespeichert wird. Außenbauteile mit außenliegender Wärmedämmung können das nur sehr begrenzt, da die Dämmschicht den Eintritt der Wärme in die Wand stark behindert. Aber auch bei monolithischen Wänden ist die Speicherfähigkeit wegen der geringen Masse der heute verwendeten Mauersteine sehr eingeschränkt.

Am besten wird die Strahlungswärme genutzt, wenn sie über Glasflächen ins Gebäude gelangt und dort auf Speicherflächen wie Geschossdecken und Innenwände trifft. Auch hier ist es erforderlich, dass der Eintritt der Wärmestrahlung in die Bauteile nicht durch dämmende Schichten wie einen Teppichboden oder großflächige Bilder an den Wänden behindert wird. Die Bauteile müssen auch schwer sein, also eine große speicherfähige Masse haben. Holzbalkendecken und Trockenbauwände bewirken nichts.

Zonen bilden 12

Die Ausrichtung des Gebäudes nach den Himmelsrichtungen wird unter »Orientierung« erörtert. Man kann aber noch mehr tun, um die Wärmestrahlung der Sonne zur Verringerung der Heizkosten zu nutzen.

Es gibt Räume im Haus, die müssen nicht auf die gleiche Temperatur beheizt werden, wie es für Wohnräume erwünscht ist. Dazu zählen der Windfang, abgeschlossene Flure und Dielen, das Gäste-WC, der Hauswirtschaftsraum, die Speisekammer und Abstellräume. Bei all diesen Räumen sowie bei solchen, die nur zeitweise genutzt werden, wie Arbeits- und Gästezimmer, wären Wärmegewinne durch Sonneneinstrahlung gar nicht oder nur zeitweise nutzbar. Sie würden diese Räume zumeist nur überflüssigerweise zusätzlich erwärmen. Eine Ausrichtung dieser Räume nach Süden ist also nicht erforderlich oder gar unerwünscht. Gelingt es nun, diese Räume so anzuordnen, dass sie einen abtrennbaren Bereich bilden, so schafft man eine kühle Zone, die zur Nordseite liegen kann, während die Räume, in denen Wärmegewinne genutzt werden, die nach Süden ausgerichtete warme Zone bilden. Diese Aufteilung des Hauses in einen wärmeren und und einen kühleren Bereich nennt man »Zonierung«.

Wände mit erhöhter Wärmedämmung zwischen den Zonen minimieren den Wärmeübergang von der warmen zur kalten Zone, was eine zusätzliche Energieeinsparung verspricht. Die Wände zwischen unbeheizten und beheizten Räumen müssen eine nach der Energieeinsparverordnung geforderte Mindest-Wärmedämmung aufweisen.

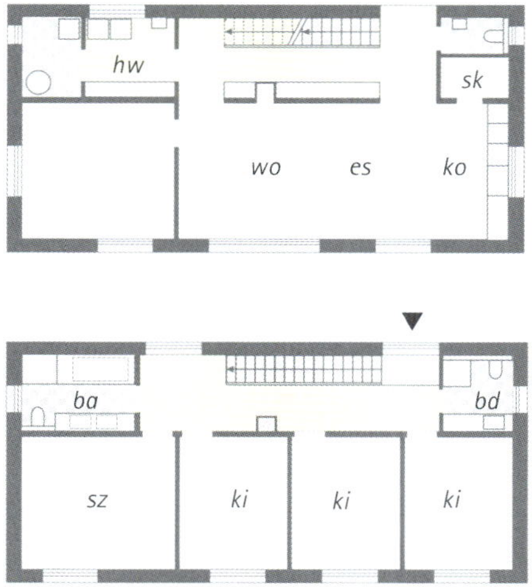

12.1: Grundrisse eines zonierten Hauses (12.2). Die geometrisch klare Trennung zwischen den Zonen ermöglicht die Ausbildung durchgehender Längswände in beiden Geschossen. (Arch.: Judarchitektur)

12.2: Die nach Süden orientierte (warme) Zone des Hauses öffnet sich mit großen zweiflügeligen Fenstern und sorgt so für solare Wärmegewinne. Die (im Obergeschoss französischen → 36) Fenster sind weitgehend vereinheitlicht. Das asymmetrische Satteldach bildet die Breite der beiden Zonen des Hauses ab.

13 Wintergarten als Klimapuffer

Wenn hier von »Wintergarten« gesprochen wird, dann sind nicht die voll beheizten Erweiterungen des Wohnbereichs durch einen rundum verglasten Vorbau gemeint.

Der hier gemeinte Wintergarten leitet sich von den Orangerien her, die früher gebaut wurden, um die nicht winterharten exotischen Pflanzen durch die kalte Jahreszeit zu bringen. Diese Wintergärten waren einfach verglaste, oft Gewächshäusern ähnliche Anbauten, in denen man Pflanzen zog, die nicht ganzjährig im Freien bleiben konnten; Wintergärten waren deshalb unbeheizt oder nur soweit beheizt, als es für das Überwintern der jeweils vorhandenen Pflanzen erforderlich war. Dabei nutzte man die Wärme der Sonne durch großflächige Fensterfronten.

Und darum soll es hier gehen: um einen großflächig verglasten Bau oder einen durch Außenbauteile vom Hauptgebäude getrennten Anbau, der in der Übergangszeit einen angenehmen, allein durch die Sonne erwärmten Platz im Grünen bietet. Je nachdem, wie der Wintergarten genutzt werden soll, kann er als »kalter« Wintergarten unbeheizt bleiben, frostfrei gehalten oder bis maximal 12 °C beheizt werden. Solche Wintergärten unterliegen keinen Anforderungen der Energieeinsparverordnung. Gleichwohl stellt sich in ihnen auch in der kalten Jahreszeit eine im Vergleich mit der Außenluft höhere Temperatur ein. Deshalb wirken diese Wintergärten als Klimapuffer.

Es ist nicht sinnvoll, diesen Wintergarten vor großflächigen Verglasungen des Wohnbereichs anzuordnen. Hier nimmt er – vereinfacht gesagt – dem Wohnraum die solaren Wärmegewinne, die dort gespeichert werden sollten, und nutzt diese für sich. Energetisch wirkungsvoller ist es, den Wintergarten vor Außenflächen anzuordnen, die keine oder geringe solare Wärmegewinne aufweisen, also Flächen mit einem größeren Anteil geschlossener Wandflächen. Für die Anordnung des Wintergartens sollte ausschlaggebend sein, wie Sie diesen nutzen wollen.

Will man den Wintergarten hauptsächlich als Klimapuffer nutzen und müssen die überwinternden Pflanzen vor Sonneneinstrahlung geschützt werden, so kann er der nördlichen Fassade vorgelagert werden. Hier bildet er ein durch die Wärmeverluste der Außenwand leicht erwärmtes Luftpolster, zudem schützt er an kältester Stelle vor zusätzlicher Auskühlung durch Wind.

Dient der Wintergarten als botanischer Garten, bietet die Ostseite ideale Lichtverhältnisse für die Pflanzen, zudem kann er hier bevorzugter Frühstücksplatz werden.

Beliebteste Varianten sind die Ausrichtung gen Süden und Südwesten. Sie bieten die meiste Sonne und damit die größten Wärmegewinne im Winterhalbjahr. Die Südlage verursacht aber auch die meisten Probleme durch zuviel Sonne im Sommer. Aber: Wer sitzt schon im Hochsommer im Wintergarten? An kühlen Sommerabenden dagegen bietet er einen willkommenen geschützten Raum.

Auch bei unbeheizten Wintergärten ist zu empfehlen, einen Anschluss an die Heizungsanlage vorzusehen für den Fall, dass sich die Nutzungswünsche ändern. Noch besser ist es, eine Heizung vorzusehen. Sie sollte als separater Strang abzusperren sein. So erhalten Sie sich alle Optionen.

Die Lüftung erfolgt am besten als Querlüftung durch zwei einander im oberen Bereich gegenüberliegende Lüftungsklappen oder -flügel. Die zu öffnende Fläche soll 10 Prozent der gesamten Glasfläche betragen.

Pflanzen für das ganze Jahr

Im unbeheizten, nach Süden orientierten Wintergarten fühlen sich Olivenbäume und Agaven wohl. Sie brauchen Licht, im Winter aber wenig Wärme. Für Mandarinen- und Zitronenbäume oder Zylinderputzer darf die Raumtemperatur nicht unter 15 °C fallen. In ganzjährig auf 18 °C beheizten Wintergärten fühlen sich Exoten wie die Bougainvillea, der Mangobaum und der Kaffeestrauch wohl.

13.1: Anbau eines Wintergartens an ein modernisiertes Einfamilienhaus aus den 30er-Jahren. Die Bodenplatte wurde aufgeständert, um Niveaugleichheit zum Wohnraum und zur Terrasse zu erreichen.

13.2: Das Tragwerk besteht aus an einen Rahmen angehängten Leimholzbindern. Das ermöglicht eine nur durch eine Stütze geteilte Front, die durch ein feststehendes und ein verschiebbares Glaselement geschlossen wird. Der Wintergarten ist beheizbar und wird tageweise auch im Winter zu Wohnzwecken genutzt.

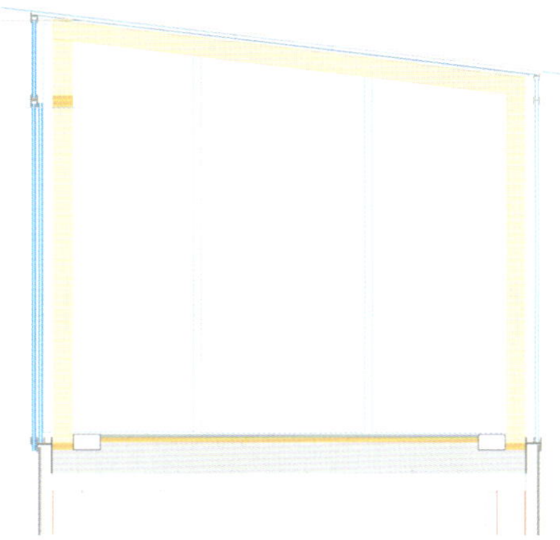

14 Gästezimmer mit separatem Eingang

Wenn Sie gefragt werden, werden Sie antworten, »Ja, wir haben gerne Besuch von Freunden und Verwandten«. Doch wie sieht die Wirklichkeit aus? Scheuen Sie nicht auch das absehbare Durcheinander im Haus, wenn Gäste bei Ihnen wohnen? Und das, obwohl Sie ein Gästezimmer haben?

Wieviel entspannter könnten Sie einem Besuch entgegensehen, wenn die Gäste aus dem Alltagsprogramm herausgehalten werden könnten. Mit einem Zimmer, unabhängig von Ihrer Wohnung, mit eigenem Zugang. Das geht in Richtung Einliegerwohnung, doch genügt in diesem Fall ein Raum mit Dusche und WC und einem Ausgang ins Freie.

Ein weitgehend unabhängiger Zugang kann auch geschaffen werden, wenn zwar ein gemeinsamer Eingang genutzt wird, dadurch aber die Nutzung der Wohnung nicht gestört wird. Ein Beispiel hierfür bietet das in Abb. 14.1 und 14.2 vorgestellte Haus.

Das Zimmer kann, wenn keine Gäste da sind, als Arbeitsraum genutzt werden. Haben Sie den ohnehin eingeplant, so beschränkt sich der Mehraufwand auf das Bad und die Eingangstür. Bei entsprechender Grundrissplanung kann das obligatorische Gäste-WC, erweitert um eine Dusche, bei Bedarf dem Gästezimmer zugeschaltet werden. Auf diese Weise bekommen Sie das Ganze nahezu zum Nulltarif.

Ein separat zugängliches Apartment ist auch dann von großem Vorteil, wenn außergewöhnliche Lebenslagen Hilfe durch Dritte unumgänglich machen. Können Sie eine solche Unterkunft anbieten, so wird es erheblich leich-

14.1: Der Hauseingang liegt geschützt unter dem auskragenden Wohngeschoss. Aus einem großzügigen Foyer gelangt man über die Treppe in die Wohnung. (Arch.: Schrötter-Lenzi)

14.2: Direkt ans Foyer angebunden sind ein Gästezimmer mit großartigem Ausblick sowie ein dazu gehörendes Bad.

ter und weniger kostspielig sein, Angehörige oder professionelle Helfer ins Haus zu holen.

Ebenso vorteilhaft ist ein solches Gästezimmer, wenn Sie einen Angehörigen für eine gewisse Zeit ins Haus nehmen möchten, der beispielsweise für die Dauer einer Erkrankung Ihrer Hilfe bedarf. Sollten Sie das Apartment aber für längere Zeit nicht benötigen, dann können Sie es vermieten.

Gleichermaßen kann auch ein heute benötigtes Büro oder andere Arbeitsräume so geplant und angeordnet werden, dass bei späterem Bedarf ein Apartment oder eine Einliegerwohnung daraus werden kann (14.3 – 14.5).

14.3: Der langgestreckte Anbau mit Garage, Abstellraum und Hauseingang trennt den öffentlichen vom dahinter liegenden privaten Bereich. Links vom Eingang die Fenstertüre des Büros. (Arch.: Hochstrasser)

Das Einfamilienhaus in ruhiger archaischer Tektur bildet den Abschluss der Ortsbebauung und öffnet sich zur Natur. Auf Vor- und Rücksprünge wird bewusst verzichtet. Im Kontrast zum Sichtbeton des Eingangsriegels ist der Holzrahmenbau des Hauptgebäudes mit vertikalen Holzlamellen verkleidet. Das Gesamtensemble ergraut über die Zeit und wird so zu einem homogenem Ganzen. Im Innenbereich sorgt das Materialspiel von Sichtbeton und Holz mit der daraus abgeleiteten Detailkultur für spannende Raumeindrücke. Der eingeschossige Riegel aus Sichtbeton nimmt Carport, Außenlager und Eingangsbereich auf und geleitet zum Hauseingang. Das vorgezogene Entrée und die Treppe, gefasst von zwei Sichtbetonwänden, trennen das Büro vom Wohn-, Ess- und Kochbereich. Geschützt zwischen Hauptbaukörper und Riegel befindet sich die Außenterrasse. Im Obergeschoss befinden sich die Schlafzimmer, ein Bad und der Wohnbereich. Das Gebäude kann flexibel genutzt werden, indem das Büro zur Einliegerwohnung und der Carport zur Nutzeinheit wird. (Text des Architekten – gekürzt)

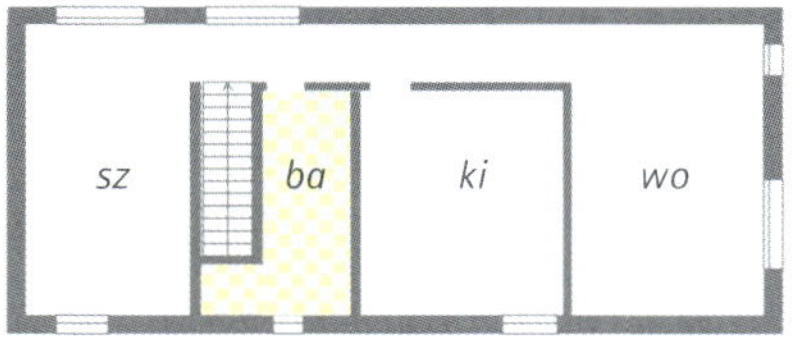

14.4: Das Obergeschoss kann zu einer weitgehend unabhängigen Wohneinheit umgewandelt werden. Dies wird durch die Lage und die Führung der Treppe begünstigt.

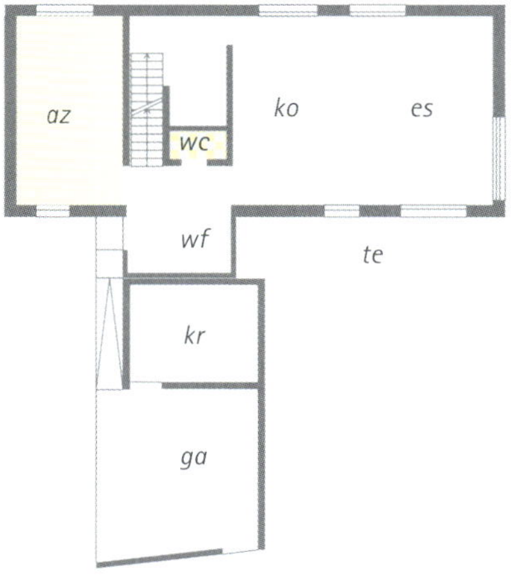

14.5: Das Büro, durch die Treppe von der Wohnung getrennt, ist direkt vom Hauseingang her zugänglich. Zusammen mit der kleinen Sanitäreinheit kann das Büro als Apartment genutzt werden.

15 Kinder im Erdgeschoss

Es ist eine feststehende Regel: Essen und Wohnen gehören ins Erdgeschoss, die Schlaf- und Kinderzimmer nach oben. Natürlich kommt das nicht von ungefähr. Kochen, Essen und Wohnbereich sollen eine Einheit bilden, großzügig, ohne trennende Wände. Der Wohnbereich setzt sich im Freien mit der Terrasse fort. So können Besucher vom Eingang direkt in den Wohnbereich oder in den Garten geführt werden.

Die Wohnvorstellungen, denen diese Anordnung entspringt, sind jedoch weniger vom Alltag, als von den Ausnahmesituationen bestimmt; man denkt an gesellige Abende, an das Grillfest oder die Party. Doch unter der Woche sieht es anders aus. Da rennen die heimkehrenden Kinder vom Eingang über die Treppe in ihre Zimmer oder – weil er nahe liegt – in den Wohnbereich, zum Spielen – wieder über die Treppe – auf die Straße oder in den Garten, wieder durch den Wohnraum. Und oben in den Kinderzimmern machen die Kinder Lärm, nicht zu überhören im Wohnbereich darunter.

Man kann das auch anders machen: Die Kinderzimmer kommen ins Erdgeschoss, zusammen mit Küche und Essbereich, der Wohnbereich darüber ins Obergeschoss, zusammen mit dem Schlafbereich der Eltern. Gibt es ein zusätzliches Dachgeschoss, kann sich der Schlafbereich der Eltern auch hier befinden. Diese Anordnung hat die folgenden Vorteile:

- Die Kinder haben den direkten Zugang in den Garten und zur Straße.
- Die Nähe von Küche, Essen und Kinderzimmern kommt dem Alltag entgegen. Wer in der Küche hantiert, kann die Kinder im Auge behalten und bei den Schulaufgaben helfen, ohne Treppauf-Treppab, dem ohnehin häufig dadurch ausgewichen wird, dass Hausaufgaben am Esstisch gemacht werden.

15.1: Das Gebäude liegt wie ein Riegel quer im Hang. Zugang und Zufahrt erfolgen über die obere, als Erdgeschoss bezeichnete Ebene. Hier befinden sich Küche, Ess- und Wohnbereich. Die Kinderzimmer wie auch der Schlafbereich der Eltern sind im unteren, dem Hanggeschoss, untergebracht. Das ermöglicht den Kindern den direkten Zugang zum Garten. (Arch.: HBH-Architekten)

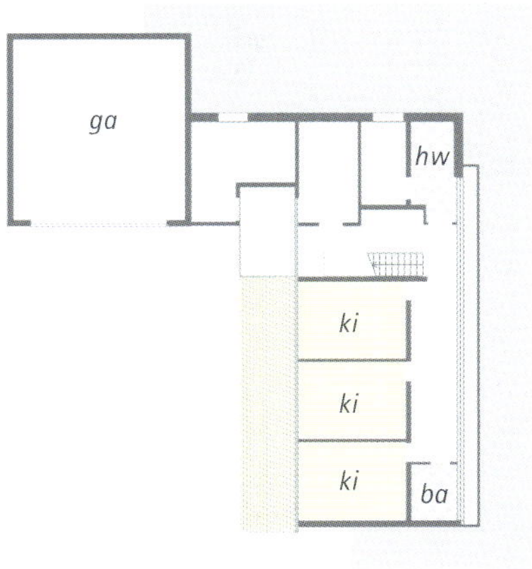

15.2: So erhalten alle Kinderzimmer einen direkten Ausgang ins Freie auf die »Spielterrasse« und über den nahen Hauseingang auf den Hof. Die Terrassen am Wohnbereich im Geschoss darüber bleiben unberührt vom Spiel der Kinder.

15.4: Grundrisse zu Abb. 15.1. Im Erdgeschoss befindet sich auch die Garage.

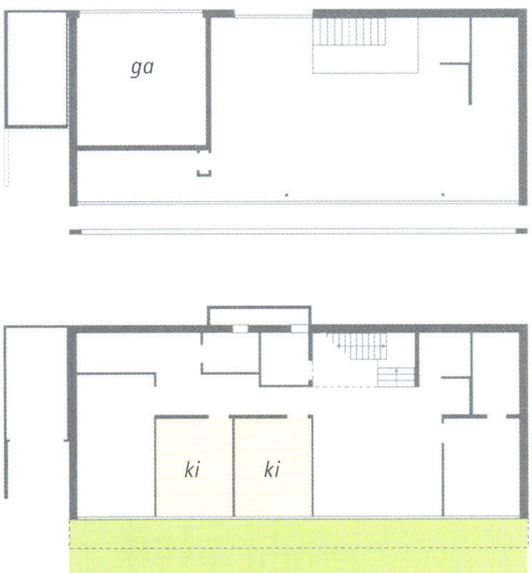

15.3: Das entlang des Hangs errichtete Haus ist beidseitig an das Gelände angebunden. Oben liegen der Wohnbereich sowie der Schlafbereich der Eltern, unten die Zimmer der drei Kinder. (Arch.: f64 Architekten)

- Der Wohnbereich bleibt hiervon unberührt; wer sich dort aufhält, kann auch tagsüber seine Ruhe haben. Der Wohnbereich ist auch nicht mehr der Durchgang zum Garten.
- Der Wohnbereich kann durch eine Terrasse oder einen großen Balkon erweitert werden. Dieser Freibereich ist abgeschlossen und nicht, wie oft der Garten, mehr oder weniger frei zugänglich.
- Die Anordnung Wohnraum über Kinderzimmern kann vorteilhaft für die Tragkonstruktion genutzt werden.

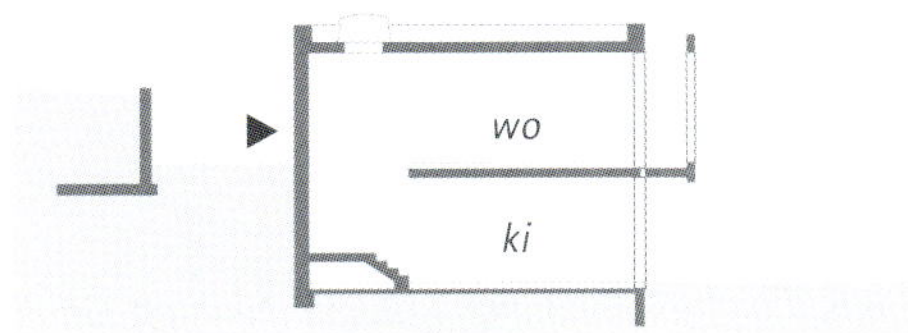

15.5: Querschnitt zu Abb. 15.1. Zugang und Zufahrt sind ins Gelände eingeschnitten, um im unteren Geschoss den ebenen Austritt ins Gelände zu erzielen.

16 Kinderzimmer mit Auslauf

Jeder weiß, dass sich Kinder viel bewegen sollen. Dazu brauchen sie Platz, am besten im Freien. Doch wir verbannen unsere Kinder in Obergeschosse, durch Treppen und Dielen abgeschottet vom Freien. Wer es ernst meint mit den Anliegen der Kinder, sollte darüber nachdenken, ob es nicht Möglichkeiten gibt, ihnen einen direkten Zugang zum Garten zu schaffen.

Ein Kinderzimmer im Erdgeschoss mit Fenstertüre wäre natürlich die beste Lösung (→ 15), doch steht das zumeist den verbreiteten Wohnvorstellungen entgegen.

Ein Balkon ist zwar besser als nichts, aber er bietet nicht den Bewegungsraum, den Kinder benötigen. Anders ist es, wenn vom Balkon eine Treppe in den Garten führt. Mit einem vor den Kinderzimmern befindlichen durchgehenden Balkon (hier genügen einfachste Konstruktionen) können alle Zimmer über eine Treppe mit dem Garten verbunden werden.

Dieser direkte Zugang zum Freien kommt nicht nur den Kindern zugute: Vor allem bei Reihenmittelhäusern führt der Weg in den Garten immer über die innenliegende Treppe und durch den Wohnbereich – bei Regen oder Schnee zur »Freude« dessen, der die Wohnung sauber hält oder zum Leidwesen der Kinder, denen man in diesem Fall den Zugang zum Garten verwehrt.

16.1: Der Bereich der Kinder mit drei Zimmern und der Schlafbereich der Eltern befinden sich – getrennt durch die Treppe – im Obergeschoss. Beiden Bereichen ist jeweils eine Loggia vorgelagert; für die Kinder ist das ein Spielzimmer im Freien. (Arch.: architektur + raum)

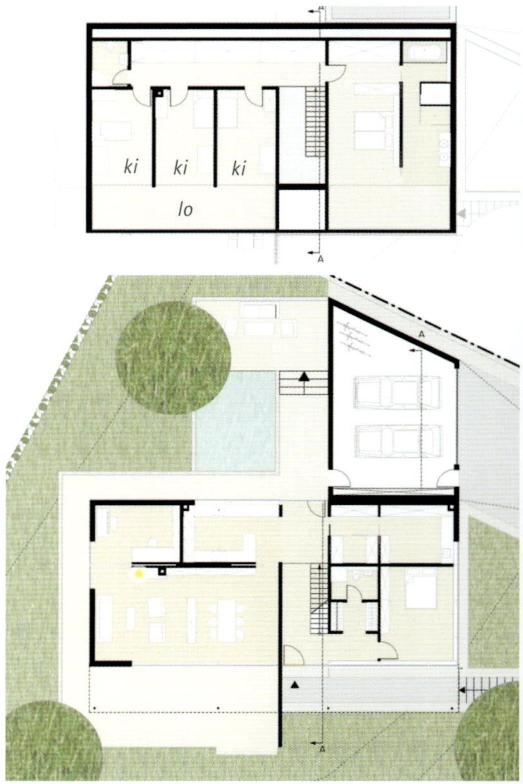

16.2: Grundrisse des Hauses der Abb. 16.1 (Seite 9) ▶

baurmann.dürr Architekten

Küche und Hauswirtschaft

17 Bewegungsflächen Küche

Statistiker haben ausgerechnet, dass sich der Mensch in unseren Breiten 40 Prozent seiner Zeit in der Küche aufhält. Wenn es ums Essen geht, ist die Küche der Mittelpunkt der Geselligkeit. Die Küche ist aber zuallererst ein Arbeitsplatz. Danach werden Küchen auch geplant und gestaltet: sie sollen praktisch und schön sein. Und häufig kommt die Schönheit zuerst; denn Küchen sind längst zum Vorzeigeobjekt der Wohnungen geworden.

Das sollte aber nicht zu Lasten der Funktionalität der Küche gehen; vor allem darf es den für die Arbeit in der Küche nötigen Bewegungsraum nicht einschränken. Grundvoraussetzung dafür, dass man in allen Lebenslagen in der Küche zurechtkommt, ist ausreichender, besser noch reichlich Platz. Das ist gegeben, wenn die freie Fläche (die Bewegungsfläche) vor jedem Teil der Kücheneinrichtung mindestens 1,50 Meter beträgt.

Bei den heute üblichen offenen Küchenzeilen mit einem daran anschließenden Essbereich ist das in der Regel unproblematisch. Anders sieht es aus, wenn der Küchenzeile eine der gegenwärtig sehr beliebten Kücheninseln vorgelagert wird. Dann wird aus dem großzügigen Raum vor der Küchenzeile ein oft schon recht knapp bemessener »Durchgang«. Das mag gut aussehen, doch holt man sich damit die Raumverhältnisse der früheren, nur etwa 2,50 Meter breiten, zweizeiligen Küchen zurück.

Kücheninseln sollten nur dort eingeplant werden, wo es auf den Meter nicht ankommt. Anderenfalls wird es nichts mit der großzügigen Küche.

Für zum Essbereich offene Küchen kommen einzeilige, L- und U-förmige Anordnungen infrage, jeweils kombinierbar mit Kücheninsel. Alle Übereck-Anordnungen haben den Vorteil kürzerer Wege, zudem hat man in der Ecke einen größeren Bereich im direkten Zugriff. Das wird vor allem dann wichtig, wenn man die Küchenarbeit im Sitzen verrichtet.

17.1: Übereck-Anordnung von Spüle, Arbeitsfläche und Herd, geeignet für sitzende Tätigkeit. (Granberg)

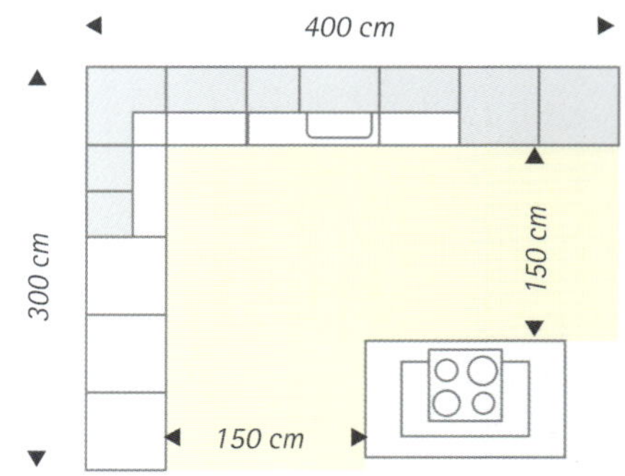

17.2: Mindestabstände bei Küchen mit Kücheninsel

Alles in Reichweite 18

Die Planung der Küche nimmt beim Bau des eigenen Hauses breiten Raum ein. Bauherrin und Bauherr haben zumeist sehr genaue Vorstellungen davon, wie die Geräte angeordnet werden sollen, welcher Stauraum erforderlich ist und wie dieser genutzt werden soll. Man sollte annehmen, dass damit rationelle und sichere Küchenarbeit gewährleistet ist. Genau betrachtet sind die so geplanten Küchen aber nur für den Durchschnittsmenschen wirklich praktisch. Wer andere als die Mittelmaße hat, der muss sich verbiegen, bücken und recken: die Arbeitsplatte ist zu hoch oder zu niedrig, an die Oberschränke kommt man kaum heran, und für manches Gerät muss man in die Hocke oder auf die Knie. Und setzen kann man sich bei langwierigen Arbeiten auch nicht.

Damit sind auch Gefahren verbunden, wie die große Zahl der Unfälle in Küchen belegt. Das gilt insbesondere für die Erreichbarkeit und die Bedienung von Elektrogeräten und Kochstellen.

Zahlreiche Gefahren und Unbequemlichkeiten können vermieden werden, wenn ein Teil des ohnehin meist hohen Küchenbudgets für elektrische Helfer verwendet wird, die Arbeitsplatten und Oberschränke den körperlichen Möglichkeiten der jeweiligen Nutzer anpassen können. Damit wird die Küchenarbeit für alle sicherer und bequemer, für körperlich eingeschränkte und kleinwüchsige Menschen überhaupt erst möglich. Das kann im Alter von besonderem Nutzen sein, aber auch dann, wenn Krankheit oder ein Unfall die Beweglichkeit zeitweise einschränken.

Für Menschen, die bei der Küchenarbeit sitzen wollen oder müssen, ist unterhalb der Arbeitsplatte ein Freiraum für die Beine vorzusehen. Menschen mit Rollstuhl können in der Küche nur dann zurechtkommen, wenn Spüle, Herd

18.1: Arbeitsplatte mit Bedienelementen in der Front – die Oberschränke können abgesenkt werden. (Granberg) ▲

18.2: Unterfahrbare und höhenverstellbare Arbeitsplatte – hier kann man sitzend arbeiten. (Granberg)

18.3: So kommen auch Sitzende und Kinder an das Geschirr – ohne Kletterpartie auf Hocker oder Stühle (Granberg)

Darauf sollten Sie achten:

- Arbeitsplatte, Herd (Backofen getrennt) und Spüle nebeneinander, am besten übereck und mit Freiraum für die Beine platzieren.
- Spüle mit Unterputz- oder Flachaufputzsiphon und Einhebel-Mischbatterie mit Temperaturbegrenzer vorsehen.
- Richtwert für Arbeitshöhe von Arbeitsplatte, Spüle und Herdplatten: 82 cm mit Beinfreiheit von 67 cm (Kniehöhe).
- bei Arbeit im Sitzen soll man in die auf dem Herd stehenden Töpfe sehen können.
- Höhe von Backofen, Mikrowelle, Kühlschrank und Geschirrspülmaschine dem persönlichen Zugriffsbereich anpassen (Richtwert: Bereich 40 cm bis 140 cm).
- ein Handlauf für Arbeitsfläche, Herd und Spüle sollte vorhanden sein.
- Unterschränke als Rollcontainer, die bei Bedarf entfernt werden können.

und Arbeitsfläche unterfahrbar sind. Das ist gegeben, wenn bestimmte lichte Maße eingehalten werden (siehe 18.5). Um die Notwendigkeit für Bewegungen längs der Arbeitsfläche zu minimieren, ist eine Übereck-Anordnung von Spüle, Arbeitsfläche und Herd zu empfehlen (→ 17.1).

18.4: Auch die Höhe der Kochinsel kann der Körpergröße angepasst werden. (Granberg) ▸

18.5: Beinfreiheit unter der Arbeitsplatte – Mindestmaße für Sitzende und Rollstuhlbenutzer (Granberg) ▸▸

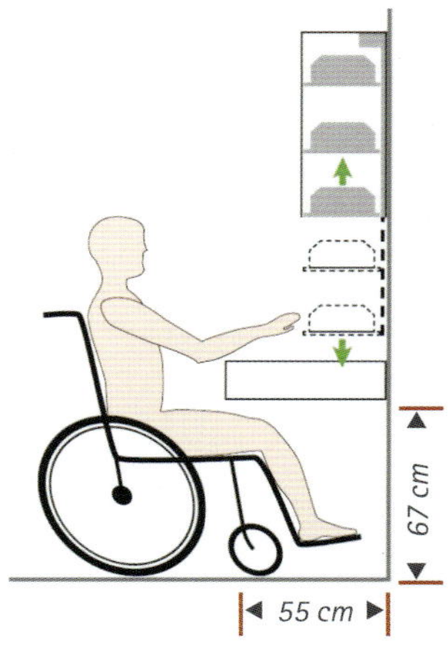

Offene Küche? 19

Die offene, mit dem Essplatz und dem Wohnbereich direkt verbundene Küche ist zwar sehr beliebt, doch nicht jeder kommt mit dem freien Blick auf den Arbeitsplatz Küche zurecht. Dies besonders nach dem Kochen und Essen, wenn Speisereste und ungespültes Geschirr zur Kulisse der weiteren Geselligkeit werden. So wird immer wieder nach Wegen gesucht, beide Anliegen unter einen Hut zu bringen, also eine offene Küche so zu gestalten, dass der Einblick aus dem Wohnbereich zeitweise oder permanent eingeschränkt ist.

Eine Möglichkeit besteht darin, die Küche übereck an den Wohn- und Essbereich anzuschließen (siehe 19.1). Damit wird die Küche aus dem Blickfeld genommen. Um die Küche völlig verschwinden zu lassen, kann sie zusätzlich mit Schiebeelementen (z. B. aus satiniertem Glas) abgetrennt werden. Auch in Fällen, in denen die Küche eine Raumeinheit mit dem Wohn- und Essbereich bildet, kann der

19.1: Mit einer Schiebetüre kann die Küche vom Ess- und Wohnbereich abgetrennt werden. Geöffnet verschwindet das Schiebeelement in der seitlich anschließenden Wand.

Küchenbereich mit Schiebeelementen abgetrennt werden. Das erweist sich allerdings als recht aufwendig, wenn man nicht in Kauf neh-

19.2: Im Rahmen eines Umbaus wurde ein Versorgungsblock wie ein Möbel in den Raum gesetzt. (baurmann.dürr Architekten) ◂◂

19.3: Der Block enthält WC, Dusche und Küchenzeile. Hier ist schnell aufgeräumt: Herd aus. Türen zu. Fertig. Eine Idee für alle, die es nicht so mit dem Kochen haben, aber auch für kleine Haushalte und kleine Häuser. ◂

19.4: Dieses klare Nebeneinander von Glas und Holz wäre mit einer an der Straßenseite liegenden Küche nicht möglich gewesen. (baurmann.dürr Architekten)

19.5: Das Erdgeschoss ist ein einziger Raum für Kochen, Essen und Wohnen. Die quer dazu eingestellte Treppe ins Obergeschoss schafft eine Stellfläche für die Küchenzeile. Damit wird die übliche Abfolge Kochen, Essen, Wohnen aufgegeben und der Essplatz am Fenster zum Eingang hin ermöglicht (Seite 39).

men will, dass die Trennelemente im geöffneten Zustand frei sichtbar im Raum stehen.

Andere Wege werden in den nachstehenden Beispielen beschritten: Zwischen Küche und Wohnbereich ist, quer zum Raum, die Treppe zum Obergeschoss eingefügt, versteckt zwischen zwei Wandscheiben. Das schafft die Stellfläche für die Küchenzeile. So findet die Küche zwischen Wohn- und Essbereich ihren Platz; und der Essplatz kann zur Straßenseite hin orientiert werden (→ 19.6).

Bei den Beispielen dieser Seite wird die Treppe so platziert, dass zwar die Sichtbeziehungen zwischen den Bereichen Kochen, Essen und Wohnen unterbrochen sind, die Bereiche aber miteinander verbunden bleiben. Die Anordnung der Treppe dient zugleich auch der guten Anbindung der Obergeschosse an den

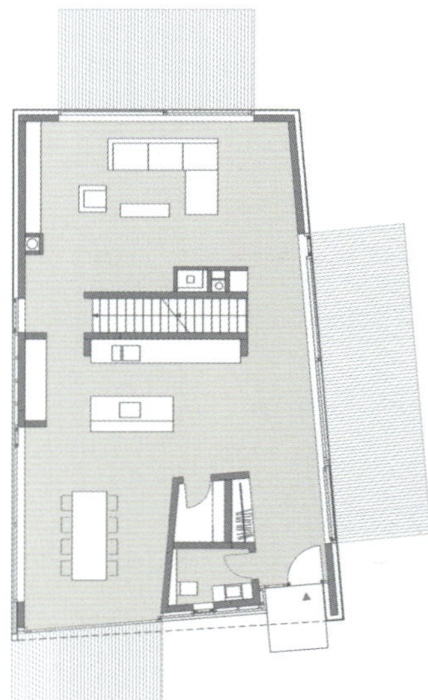

19.6: Der Grundriss zeigt die Aufteilung des Erdgeschosses. Die Treppe verbirgt sich zwischen zwei Wandscheiben. ▸▸

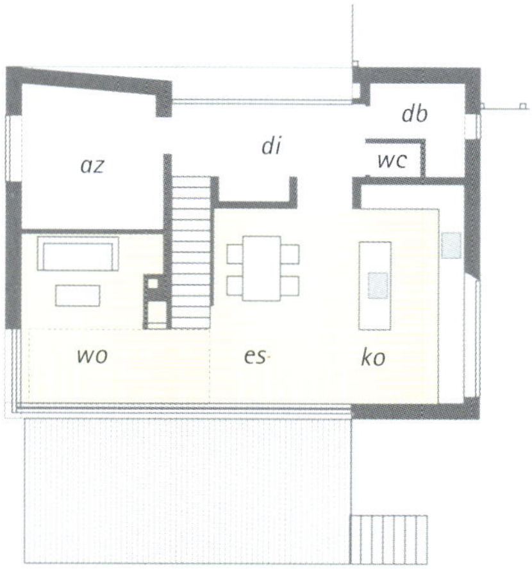

19.7: Die Treppenwand mit dem Kamin schafft dem Wohnbereich eine geschützte Nische.

19.8: Die Treppenwand unterbindet den Sichtkontakt zwischen dem Essbereich mit der Küche und der Sitzecke des Wohnbereichs. Dennoch bleiben die Bereiche miteinander eng verbunden. (baurmann.dürr Architekten)

Wohn- und Essbereich. Doch dies wäre auch mit einer Anordnung der Treppen zu erreichen, bei der die Bereiche im Erdgeschoss als Einheit erhalten bleiben.

19.9: Hier sind Wohnen, Essen und Kochen U-förmig um eine innenhofartige Terrasse angelegt. Damit sind Kochen und Essen vom Wohnbereich abgetrennt, …

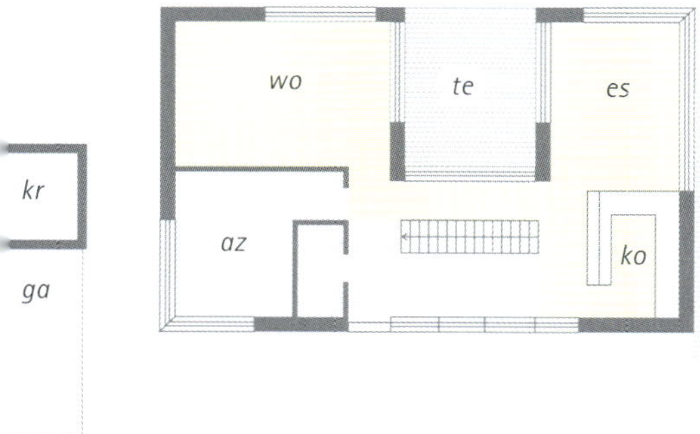

19.10: … bleiben aber über die als Steg wirkende Diele miteinander verbunden. (H2M-Architekten).

20 Küche mit Ausgang ins Freie

20.1: Der großflächig verglasten Küche ist eine Holzterrasse vorgelagert. Hier wird im Freien gegessen, wenn es auf der großen Terrasse zu heiß ist. (baurmann.dürr Architekten)

20.2: Grundriss zu 20.1: Die Terrasse vor dem Wohn- und Essbereich wird durch den Carport mit Abstell- und Technikraum abgeschirmt. Sie ist nach Südwesten ausgerichtet. Die Küchenterrasse liegt entgegengesetzt nach Nordosten.

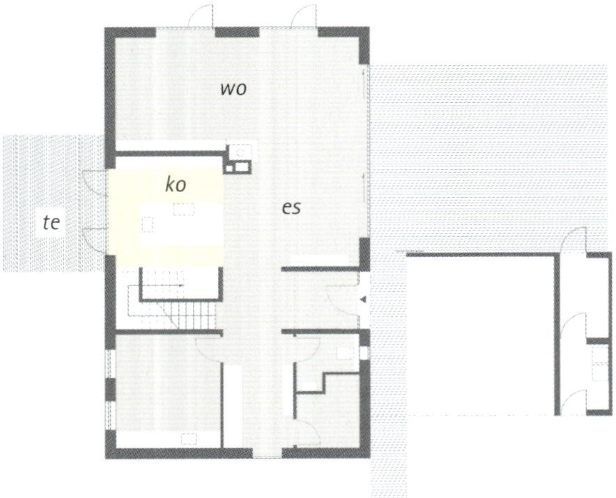

Früher hatten die Küchen einen Balkon. Man sieht das häufig noch an Häusern der Gründerjahre. Die Balkone waren damals allerdings nicht dazu gedacht, hier zu frühstücken oder sich zu sonnen, sie dienten der Hausarbeit. Hier verrichtete man die Arbeiten, die Schmutz verursachten oder bei denen mit viel Wasser hantiert wurde. Diese Balkone sind heute aus dem Raumprogramm der Wohnungen verschwunden. Bei Altbauten wurden sie, sofern noch vorhanden, oft vergrößert zum Wohnbalkon umfunktioniert.

Im Neubau haben Küchen in der Regel keinen Ausgang ins Freie, obwohl es immer noch Hausarbeiten gibt, die man besser draußen als in der Küche erledigt. Man denke da nur an das Schuhputzen oder die Reinigung der Utensilien vom Grillfest. Auch für das kleine Frühstück im Freien ist es sehr praktisch, nicht alles dazu Nötige durch den Wohnraum auf die Terrasse schleppen zu müssen.

Nachdem Küchen zumeist nicht wie die Wohnräume nach Süden, sondern vorzugsweise entgegengesetzt nach Norden liegen, erhält man mit dem Freisitz an der Küche einen angenehm kühlen Ausweichplatz, wenn man es an heißen Tagen auf der Terrasse kaum aushalten kann.

Dabei ist es bei Einfamilienhäusern recht einfach, Küchen mit einem Ausgang ins Freie zu versehen. Dazu genügt eine Fenstertüre. Etwas aufwendiger wird es, wenn der an die Küche anschließende Freibereich abgeschlossen und möglicherweise noch gegen fremde Blicke abgeschirmt sein soll.

Hauswirtschaftsraum 21

Die heute sehr verbreitete zum Ess- und Wohnbereich hin offene Küche hat einen – für viele entscheidenden – Nachteil: Sie muss immer ordentlich sein. Ungespültes Geschirr, die Vorbereitungen für das nächste Essen oder für das Kuchenbacken, das alles will man nicht unbedingt jedem überraschenden Besucher zur Schau stellen. Nein, man will es auch selbst nicht ständig vor Augen haben. Und hat man sich nicht gerade deshalb für die teure Küche entschieden, weil sie so toll aussieht?

Gut, wenn es da einen Hauswirtschaftsraum gibt, einen Raum, in dem all die Hausarbeiten verrichtet werden, die man nicht in der Küche erledigen will, und einen Raum, in dem für den Haushalt notwendige Dinge aufbewahrt werden, die in der Küche stören oder die dort keinen Platz finden. Denn das ist ein weiterer Nachteil der offenen Küchen: es fehlt eine Wand, an der bei geschlossenen Räumen weitere Schränke aufgestellt oder angebracht werden können. Der Hauswirtschaftsraum ist das Eingeständnis, dass Wohnen eben nicht nur aus vorzeigbaren und erbaulichen Verrichtungen besteht.

Im Hauswirtschaftsraum stehen die Waschmaschine und der Trockner, das Bügelbrett und die Haushaltsleiter. Hier werden die Putzutensilien aufbewahrt, hier wird gewaschen und gebügelt, und es gibt einen Arbeitsplatz für sonstige Hausarbeiten. Darüber hinaus kann im Hauswirtschaftsraum die Heizungs- und Warmwasseranlage eingebaut werden, sofern sich diese dafür eignet. Das geht bei Heizungsanlagen, die weitgehend geräusch- und geruchlos arbeiten, wie Gaskessel oder Wärmepumpen. Diese Anordnung ist keine Notlösung, wenn ohne Keller gebaut wird, sie ist vielmehr deshalb vorteilhaft, weil die Anlage so im beheizten Teil des Hauses liegt und die Verteilungsleitungen weitgehend durch beheizte Räume geführt werden können.

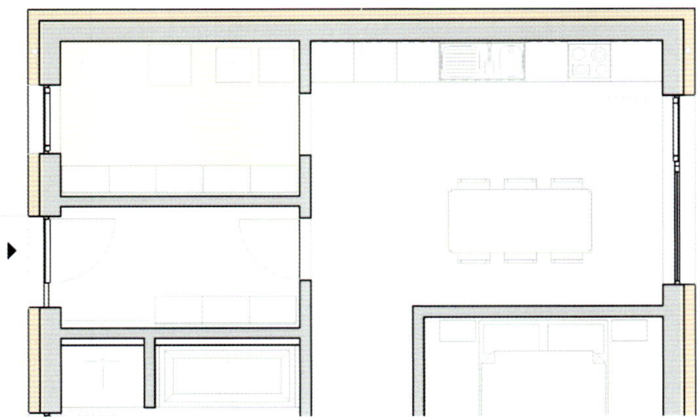

Abb. 21.1: Beispielhafter Grundriss eines Hauswirtschaftsraums im Anschluss an die Küche. Hier sind untergebracht: Hausanschlüsse, Wärmepumpe (Nutzung der Geothermie), Pufferspeicher, Waschmaschine und Trockner sowie Stauraum für Vorräte. (Arch.: Michael Meyer)

Liegt der Hauswirtschaftsraum an einer Außenwand, können sich hier auch die Hausanschlüsse der Wasser-, Strom- und ggf. Gasversorgung befinden.

Der Hauswirtschaftsraum wird seinem Zweck entsprechend mit robusten Wandoberflächen und – besonders wichtig – einem strapazierfähigen und leicht zu reinigenden Bodenbelag ausgestattet. Hier bieten sich Gummi- oder Kunststoffbeläge an, aber auch keramische oder Steinbeläge. Wichtig ist auch eine dicht schließende und schalldämmende Türe. Ein Fenster ist vorteilhaft; gerade die hier zu verrichtenden Arbeiten sowie das Waschen und Trocknen erfordern gute Belüftung. Wenn es nicht zu vermeiden ist, kann aber auch eine mechanische Belüftung vorgesehen werden.

Der Hauswirtschaftsraum sollte direkt an die Küche anschließen; nur dann kann er diese funktional und räumlich entlasten. Ist ein solcher Raum vorhanden, kann die Küche kleiner geplant werden, und es genügt eine einzeilige Küche, was erhebliche Vorteile für die Grundrissausbildung hat. Möglichweise werden Sie auch den Geschirrspüler in den Hauswirtschaftsraum verbannen, dessen Geräusche recht störend sein können, wenn sie der Musikanlage Konkurrenz machen.

Beispiele für die Anordnung des Hauswirtschaftsraums finden sich u. a. auch in den Grundrissen der Abbildungen 9.4 und 16.2.

Abb. 21.2: Direkt an die Küche angeschlossen sind Hauswirtschaftsraum und Speisekammer. Die Küche bietet einen alltagstauglichen Essplatz; ein großzügiger Ess-Bereich ist mit der Küche verbunden. (Arch.: Becher + Hatzijordanou)

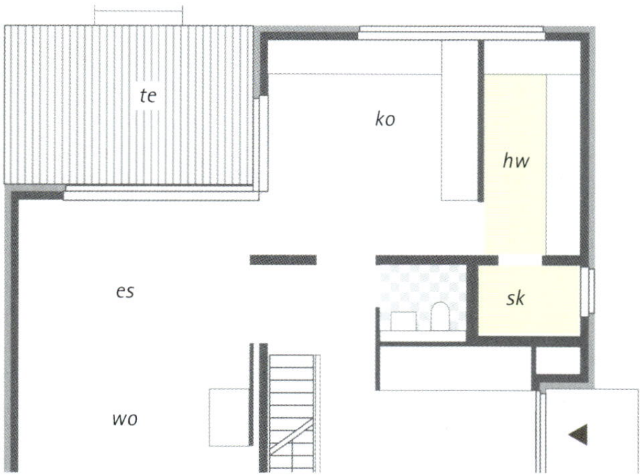

Abb. 21.3: An den Hauswirtschaftsraum schließt ein Raum mit den Hausanschlüssen und der Heizungstechnik an (→ 12). (Arch.: Judarchitektur)

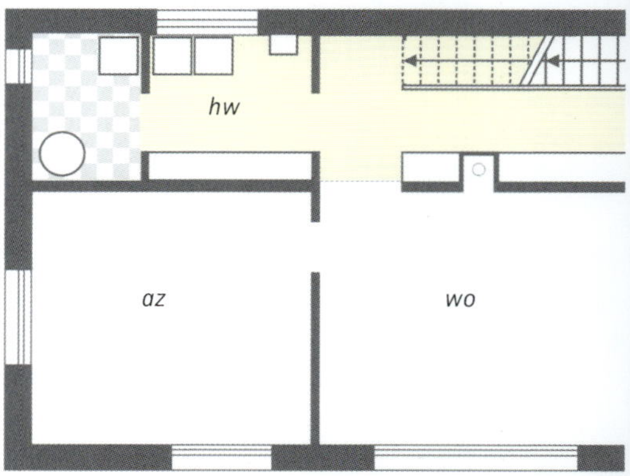

Speisekammer 22

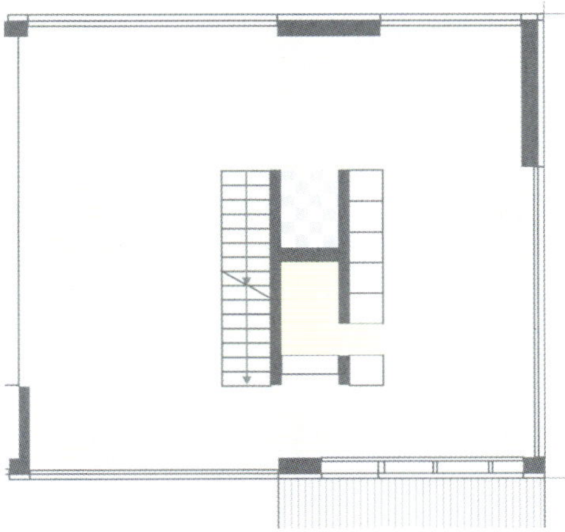

22.2: In die massive Kernzone des Hauses, an die die Treppe angelehnt ist, wurde eine Speisekammer integriert. Diese ist als begehbarer Küchenschrank durch die Küchenzeile hindurch zugänglich. (J2M Architekten)

Früher gehörte sie zu jeder Küche, die Speisekammer. Am besten an der Außenwand gelegen, mit Belüftung und Fliegengitter. Die Speisekammer fiel dem sozialen Wohnungsbau, dem Kühlschrank und der Gefriertruhe zum Opfer, ersetzen konnten diese Geräte die Speisekammer aber nicht. Ein Platz, an dem Vorräte und Übriges schnell und sofort wieder griffbereit verstaut werden können, hat auch in der modernen Küche seine Berechtigung. Vielmehr noch in den heutigen, durchgestalteten offenen Wohnküchen, die unaufgeräumt den gesamten Wohnbereich unordentlich wirken lassen.

Auch ein Hauswirtschaftsraum macht die Speisekammer nicht überflüssig. Denn wer möchte den frisch gebackenen Kuchen zwischen Waschpulver und Putzgeräten abkühlen lassen? Zudem muss der Hauswirtschaftsraum beheizbar sein, wenn von Zeit zu Zeit darin Arbeiten verrichtet werden. Die Speisekammer dagegen soll kühl und möglichst staubfrei sein. Es genügen eineinhalb Quadratmeter, sozusagen ein begehbarer Vorratsschrank.

Die Speisekammer kann sehr gut auch innenliegend, das heißt nicht an einer Außenwand, angeordnet werden. Dann müssen eine mechanische Entlüftung eingebaut und die Türe mit Zuluftschlitzen versehen werden.

22.1: Die innenliegende Speisekammer ist hinter der Küchenzeile versteckt. Die Kammer muss mechanisch entlüftet werden. (Hochstrasser Architekten)

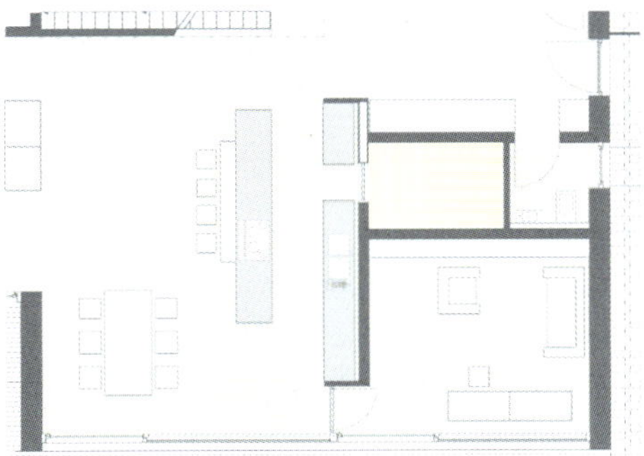

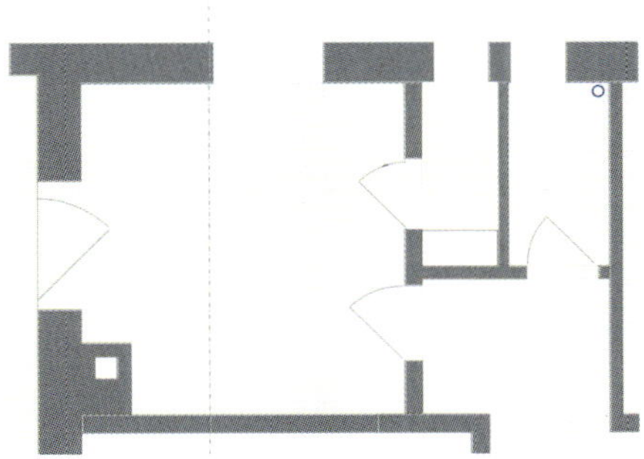

22.3: Die Speisekammer in einem Wohnhaus der 1900er-Jahre wurde beim Umbau zur Weiternutzung erhalten.

23 Linkshänderküche

Es hat sich schon lange die Erkenntnis durchgesetzt, dass man Linkshänder nicht zu Rechtshändern »umerziehen« soll. In den Küchen wird das aber weiterhin versucht: Da die meisten Personen in einem Haushalt (nach der Statistik) Rechtshänder sind, werden Küchen den Arbeitsabläufen bei Rechtshändern angepasst. Es wird nicht darüber nachgedacht, dass sich die Arbeitsabläufe bei Linkshändern gerade umgekehrt gestalten. Dass das keine Nebensächlichkeit ist, sollte jedem Rechtshänder klar werden, wenn er einmal versucht, Fleisch mit der linken Hand zu schneiden oder mit dieser Kartoffeln zu schälen. Selbst das Öffnen der Küchenschränke und das Verstauen von Lebensmitteln im Kühlschrank geht kaum ohne Umgreifen, wenn Sie das in einer Rechtshänderküche mit der linken Hand versuchen.

Es ist deshalb unverständlich, warum Küchen selbst dann für Rechtshänder geplant werden, wenn derjenige, der am häufigsten in der Küche hantiert, Linkshänder ist. Sind Sie davon betroffen, dann sollten Sie die Küche auch für Linkshänder einrichten.

Abb. 23.1: Anordnung der Kücheneinrichtung für Linkshänder

1 Kühlschrank
2 Gefrierschrank
3 Geschirrspüler
4 Spüle mit Unterschrank
5 Backofen mit Kochfeld

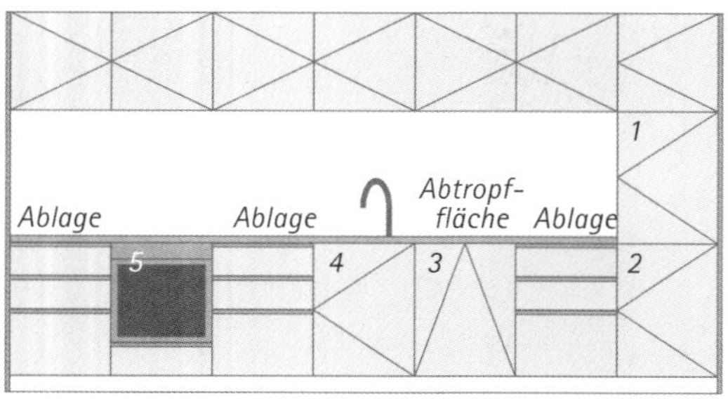

Sehen wir uns die Anordnung in der Rechtshänderküche an (von links nach rechts):

- Kühlschrank mit Türanschlag links (Entnehmen von Waren mit der rechten Hand)
- Arbeitsfläche (Ablegen der Lebensmittel bei Entnahme und Bestückung rechts)
- Spülbecken (Becken rechts, Ablaufgarnitur links. Geschirr wird mit linker Hand gehalten, mit rechter Hand abgespült, mit linker Hand auf Ablaufgarnitur abgelegt)
- Arbeitsfläche (links des Herdes)
- Kochfeld (Zuführen von links, Kochlöffel in rechter Hand, wird nach rechts abgelegt)
- Arbeitsfläche (rechts des Herdes)

In der Linkshänderküche läuft das alles in Gegenrichtung ab (von links nach rechts):

- Arbeits- und Ablagefläche
- Kochfeld (Bedienung von rechts nach links, Kochlöffel in der linken Hand, wird nach links abgelegt)
- Arbeits- und Ablagefläche (Vorbereitung der Lebensmittel zum Kochen)
- Spülbecken mit Becken links und Ablaufgarnitur rechts (Teller in der rechten, spülen mit der linken Hand, Ablegen der Teller mit der rechten Hand nach rechts)
- Arbeits- und Ablagefläche (Ablegen der Lebensmittel zur Entnahme und Bestückung des Kühlschranks links)
- Kühlschrank mit Türanschlag rechts (Öffnen mit rechter, Entnehmen mit linker Hand)
- Die Ober- und Unterschränke sind ebenfalls mit Türanschlag auf der rechten Seite zu planen, damit mit der linken Hand entnommen oder bestückt werden kann.

baurmann.dürr Architekten

Bad, Dusche, WC

24 Badezimmer statt Bad

Wir verbringen einen großen Teil unserer Zeit im Bad. Dennoch hat man lange Zeit Bäder nicht als Räume angesehen, sondern als eine Zusammenstellung der nötigen Sanitärobjekte. Das Bad musste nur gerade so groß sein, dass alle seine Einrichtungen ohne Einschränkung genutzt werden konnten.

Diese Sicht haben wir zum einen der geringen Wertschätzung der Verrichtungen im Bad zu verdanken, die Hygiene als Notwendigkeit, aber nicht als mehr erachtete. Zum anderen haben die Bestimmungen der Wohnungsbauförderung diese Einschätzung in knappe Flächenvorgaben umgesetzt und damit die Größe der Bäder über Jahrzehnte festgeschrieben. Zwar gab es auch hier Luxus im Bad, doch der beschränkte sich auf teure Sanitärobjekte, Armaturen und Fliesen; die Größe des Bades gehörte nicht dazu.

Das hat sich in den vergangenen 15 Jahren grundlegend geändert. Große Bäder sind heute bei Immobilien der mittleren und oberen Preisklasse ein Muss. Das ist nicht zuletzt der Entdeckung von Wellness zu verdanken, was nichts mit Notwendigkeit zu tun hat, sondern mit Wohlbefinden und Genuss. Damit rücken

24.1: Bezeichnend für die allseits zu beobachtende Aufwertung der Badeinrichtungen: das Duschbad wird Teil des Schlafraums, begünstigt durch Wand- und Bodenbekleidungen, die auch für den Wohnbereich attraktiv sind. (Fabi Architekten)

auch die Einrichtungen der Bäder und diese selbst in ein anderes Licht. Die Badewannen wurden aus der Einmauerung in der Raumecke herausgeholt und frei im Raum aufgestellt. Waschtische wurden zu Badmöbeln, bei denen das Waschbecken selbst nur noch als darauf stehende Schüssel erscheint.

Eine solche Möblierung braucht – wie auch die freistehende Wanne – Raum. Das Bad wird zum Badezimmer. Wieder! Denn mit dem Badezimmer hat es begonnen: Bäder waren in ihren Anfängen normale Zimmer, in die man die neuen Errungenschaften der Sanitärtechnik, das waren freistehende Badewannen und Badeöfen, einfach hineinstellte. Fast so wie heute.

24.2: Hochwertige Schreinerarbeit anstelle von Wandfliesen ist charakteristisch für den Wandel vom Bad als Ort der Hygiene hin zum wohnlichen Badezimmer. (Fabi Architekten)

24.3: Moderne Badeinrichtungen im Dialog mit einem Bodenbelag, der an früher erinnert. (Fabi Architekten)

24.4: Die zurückhaltenden Badeinrichtungen und die beherrschenden weißen Oberflächen schaffen Großzügigkeit und Weite. (Fabi Architekten)

25 Bad mit Ausblick

Es ist noch nicht so lange her, da wurden innenliegende Bäder, also Bäder ohne Fenster, als »normal« akzeptiert. Vor allem im Geschossbau, also auch bei Eigentumswohnungen, wurden die Bäder gern in der Innenzone der Wohnungen angeordnet, weil das mit Kostenvorteilen verbunden war.

Heute werden Tageslicht-Bäder verlangt, und bei höherwertigen Wohnungen sind sie unverzichtbar. Doch wer den Aufenthalt im Bad genießen will, hier eine Oase des Wohlbefindens sieht, dem genügt das bei weitem nicht: Das Bad soll – wie andere Räume auch – einen möglichst attraktiven Ausblick bieten, am besten auch dann, wenn man in der Badewanne liegt.

War man früher darauf bedacht, möglichst jeden Einblick ins Bad zu unterbinden, was zumeist mit profilierten Verglasungen erreicht wurde, sind heute großflächige Verglasungen gefragt, die das Badezimmer gleichsam zum Garten öffnen. Natürlich will niemand im Bad durch Fremde beobachtet werden. Deshalb setzt eine großzügige Verglasung eine durchdachte Grundrissplanung voraus, die auf die gegebenen Freibereiche des Grundstücks und gegebenenfalls auf Nachbarbebauung Rücksicht nimmt und darauf mit baulichen Mitteln und der Gestaltung der Freibereiche so reagiert, dass unerwünschte Einblicke nach Möglichkeit ausgeschlossen werden.

Je nach den Gegebenheiten des Grundstücks kann auch der Ausblick in die freie Landschaft oder über die Stadt besonders attraktiv sein. In diesen Fällen stellt sich das Problem fremder Einblicke oft gar nicht.

25.1: Baden mit Panorama-Ausblick. Das ist schon fast wie Baden im Freien. Und ist die Landschaft schneebedeckt, fühlt man sich noch wohliger im warmen Wasser. (Arch.: Schroetter-Lenzi)

25.2: Nur eine Glasfläche trennt das Bad von der anschließenden Loggia und bietet Ausblick und Austritt ins Freie...

25.3: ... Dort wartet ein ganz besonderer Genuss: Duschen im Freien. (Arch.: Volker Schwab)

25.4: Eine archaisch anmutende Steinwanne bietet Ausblick in mehrere Richtungen. Dazu wurde auf die Spiegel über dem Waschtisch verzichtet und an deren Stelle ein Fensterband eingefügt. (Fabi Architekten)

25.5: Auch hier bietet das Bad einen Ausblick ins Grüne, der aus der Dusche uneingeschränkt zu genießen ist. Die Waschtische und die Wanne sind dagegen durch eine transparente Blende vor Einblick geschützt. (Arch.: Schroetter-Lenzi)

26 Bewegungsflächen im Bad

26.1: Eine Dusche mit reichlicher Bewegungsfläche ist komfortabel. Und die Sitzgelegenheit erspart es, beim Füßewaschen (nicht ungefährliche) Balance-Akte zu vollführen. (©Villeroy & Boch Fliesen)

Das Bad kann ein Ort der Entspannung und Erholung sein, ein Ort, an dem man etwas für sein körperliches Wohlbefinden tut. Vor allem aber dient das Bad der körperlichen Hygiene. Und es ist selbstverständlich, dass es bei den täglichen, oft täglich mehrfachen Verrichtungen nicht beengt zugehen darf. Hierzu sind die zur Benutzung der Einrichtungen erforderlichen Flächen vorzusehen. Dabei sollten Sie sich nicht an den Mindestmaßen und -flächen orientieren. Vor allem dann, wenn es nur ein Bad für die gesamte Familie gibt, sollte der Platz so bemessen sein, dass sich mehrere Personen bei gleichzeitiger Nutzung nicht in die Quere kommen.

Doch sollten Sie auch weiter denken: Wer selbst schon einmal erlebt hat, wie schwierig sich die einfachen körperlichen Verrichtungen gestalten, wenn die Beweglichkeit durch Unfall oder Krankheit eingeschränkt ist, der wird bereit sein, auch für diese Fälle vorzusorgen. Dabei ist es klug, auch eventuell eintretende Notwendigkeiten wie die Benutzung einer Gehhilfe oder eines Rollstuhls einzubeziehen. Hierfür vorsorgen heißt vor allem reichlich Flächen vorzuhalten. Es ist dann immer möglich, die nötigen Veränderungen im Bad vorzunehmen.

Welche Flächen vorgehalten werden sollten, ist der nebenstehenden Tabelle zu entnehmen. Es ist aber nicht erforderlich, auch die Sanitärobjekte für den Eventualfall auszuwählen. Waschtische, Toiletten, Duscheinrichtungen und Badewannen lassen sich im Bedarfsfall austauschen.

26.2: Sinnvoll ist es aber, die Dusche mit bodengleichem Ablauf zu versehen und so großzügig zu gestalten, dass ein Duschhocker und eine zweite Person darin Platz finden. (Arch.: Florian Braun)

Maße von Sanitäreinrichtungen und Mindestmaße von Bewegungsflächen

Kurzbezeichnung	W	DW	EW	EDW	HWB	SW	WCa	WCu	UR	DU	BW	WM/TR
Empfohlene Maße von Sanitärobjekten												
Breite *b*	60	120	70	140	45	40	40	40	40	120	170	60
DIN 18040-2 R	75									150		
Tiefe *t*	55	55	60	60	35	60	75	60	40	120	75	60
DIN 18040-2 R	60				45/50		70	70		150	75	60
Mindest-Bewegungsflächen												
Breite *B*	120	195	120	195	120	60	120	120	120	120	120	120
DIN 18040-2 R	150				150		150	150		150	150	150
Tiefe *T*	120	120	120	120	120	60	120	120	120	120	120	120
DIN 18040-2 R	150	195		195	150		150	150		150	150	150
Bei gegenüberliegender Anordnung von Sanitärobjekten, Wänden und Stellflächen ist ein Abstand von 75 cm vorzusehen.												
Montagehöhe über OKFFB	85 90	85 90	85 90	85 90	85 90		42[1]	42[1]	65			
DIN 18040-2 R	80	80	80	80	80		46/48	46/48				
Minimale seitliche Abstände a zu anderen Sanitärobjekten, Wänden und Stellflächen												
W Waschtisch						25	20	20	20	20	20	20
DW Doppelwaschtisch						25	20	20	20	20	20	20
EW Einbau(doppel)waschtisch						25	20	20	20	15	15	20
HWB Handwaschbecken						25	20	20	20	20	20	20
SW Sitzwaschbecken (Bidet)	25	25	25	25	25		25	25	25	25	25	25
WCa WC Vorwand WCu WC Einbau	20	20	20	20	20	25			20	20	20	20
UR Urinal	20	20	20	20	20	25	20	20		20	20	20
DU Dusche	20	20	15	15	20	25	20	20	20			3
BW Badewanne	20	20	15	15	20	25	20	20	20			3
WM/TR Waschmaschine/Trockner	20	20	15	15	20	25	20	20	20	3	3	
Wand	20	20			20	25	20/25[2]	20/25[2]	20/25[2]			20
Türbereich	Abstand zu Türöffnungen/Türlaibungen mind. 10 cm											

– OKFFB = Oberkante Fertigfußboden
[1] Oberkante Keramik bei wandhängender Ausführung [2] bei Wänden auf beiden Seiten

Tabelle: Maße von Sanitärobjekten, Bewegungsflächen und Abständen (alle Maße in cm)

27 Wanne mit Einstieg

Wer gern badet, will das auch dann – oder besonders dann – tun, wenn es gesundheitlich einmal nicht so gut geht. Es können Zeiten kommen, in denen man sich nur eingeschränkt bewegen kann. Da genügt schon ein lädiertes Bein, das man sich beim Skifahren zugezogen hat, um zu erleben, wie mühsam sich manche Dinge gestalten, wenn man sich nicht wie gewohnt bewegen kann. Dann wird es schwierig, in die Badewanne zu gelangen, und noch schwieriger, wieder herauszukommen. Man kann sich dann auch vorstellen, wie es im Alter werden kann.

Um Menschen in solchen Situationen in die Lage zu versetzen, dennoch selbständig ohne Hilfe anderer ein Bad zu nehmen, hat die Industrie Wannen mit niedrigem Einstieg entwickelt. Diese Wannen haben eine türartige Klappe oder eine Kabinentüre, die bei leerer Wanne geöffnet werden kann. Solange die Wanne (auch nur teilweise) gefüllt ist, bleiben Klappe oder Türe verriegelt. Ein unbeabsichtigtes Öffnen ist dann ausgeschlossen.

Manche Hersteller bieten Wannen mit integrierter Duschkabine an (→ 27.1). Diese kann wie jede andere Dusche benutzt werden.

27.1: Die Wannen-Dusch-Kombination ist mit einer niedrigen Stufe zu betreten. Die Türe kann geöffnet werden, wenn die Wanne leer ist. Bei gefüllter Wanne bleibt die Türe automatisch verriegelt. (Twinline © Artweger)

Waschtisch mit Beinfreiheit 28

Die derzeit sehr beliebten Waschtisch-Möbel sind in den meisten Fällen weniger nach funktionalen als nach ästhetischen Gesichtspunkten entworfen. Oft ist es nicht einmal möglich, sich in erträglicher Haltung bückend das Gesicht zu waschen, weil man mit den Knien am Unterschrank anstößt. Ergonomie spielt keine Rolle. Ergonomie ist aber alles, wenn man weniger beweglich ist und am Waschtisch nicht nur Hände waschen oder Zähne putzen will. Sich sitzend zu waschen, was gelegentlich zur Notwendigkeit werden kann, ist unmöglich.

Wer für solche Situationen vorsorgen will, muss sich von diesen Waschtischen verabschieden und ein Waschtischmodell wählen, das zumindest die zum Sitzen nötige Beinfreiheit bietet. Noch besser wäre ein in der Höhe verstellbarer Waschtisch. Dann müssten auch Ihre Kinder nicht auf einen Hocker steigen, um sich zu waschen. Wenn Sie sich bei den

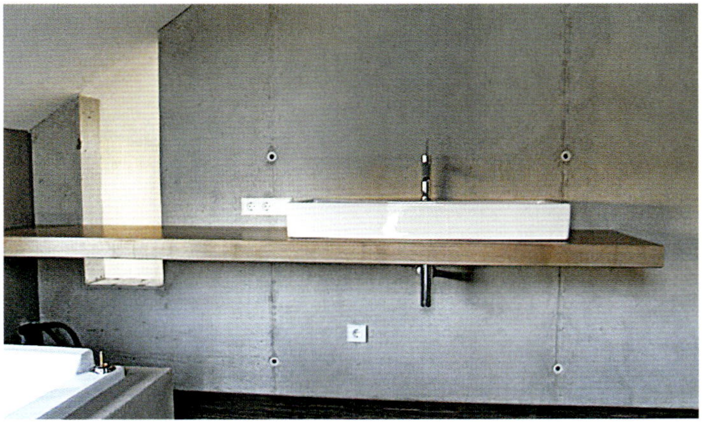

28.1: Waschtisch mit Beinfreiheit und seitlicher Ablage (Arch.: Architectoo)

Waschtischen umsehen, die diese Anforderungen erfüllen, werden Sie sehen, dass auch bei diesen Produkten Ästhetik kein Fremdwort ist.

28.2: An diesem Waschtisch kann man sich auch im Sitzen waschen. Vorteilhaft ist der Einbau eines Flachsiphons. (Keramag) ◂◂

28.3: Der Begriff Waschtisch geht im Grunde nicht mit Unterbauten zusammen. Bei diesem Badmöbel-Programm passt der Begriff dennoch. (Ex.t.com) ◂

29 Bodengleiche Dusche

Duschen ist für viele heute unverzichtbarer Bestandteil der körperlichen Hygiene und eine Quelle des Wohlbefindens. Dieser Bedeutung entsprechend ist die Dusche dabei auch zum Mittelpunkt des Bades geworden mit immer höheren Anforderungen an die Funktionen und die Gestaltung. Vorbei sind die Zeiten, in denen in der Badewanne geduscht wurde; heute wird eher auf die Badewanne verzichtet, als auf die Dusche. Die Vorteile des Duschens liegen auf der Hand: es geht schneller, man kann sich frei bewegen, und der Wasserverbrauch kann besser gesteuert werden.

Duschen wurden ursprünglich nur mit einem Bodenablauf ausgeführt. Bodenabläufe erfordern eine hochwertige Abdichtung der gesamten Bodenfläche und einen entsprechend hohen Bodenaufbau. Um dies zu vermeiden, wurden die Duschwanne (Brausetasse) und in der Folge die Duschkabine erfunden. An die Nachteile haben wir uns gewöhnt: an den hohen Einstieg, die Beengtheit, an die oft mühsame Reinigung; sie alle passen auch zum funktionalen Bad auf kleinem Raum, das man selbst in sonst sehr großzügigen Wohnungen und Häusern fand.

Inzwischen erfährt das Badezimmer, das diesen Namen auch verdient, eine Renaissance. Der Begriff Wellness steht für diese Entwicklung, die charakterisiert wird durch freiste-

29.1: Eine Glasscheibe, 2 m breit und 2 m hoch, trennt die Dusche vom übrigen Bad. Gut zu erkennen: das leichte Gefälle des Bodens in der Dusche.

29.2: Der Spritzbereich liegt innerhalb der abgegrenzten Fläche, es braucht keine Türe.

hende Badewannen und großzügige Badmöblierung. Damit geht auch eine Erneuerung der Dusche einher: größere Fläche, bodengleicher Einlauf, Verzicht auf eine Türe. Das ist nicht nur ein Gewinn fürs Auge und das Wohlbefinden, sondern hat auch handfeste Vorteile:

- genügend Platz, sich frei zu bewegen (auch zur Reinigung);
- unbehinderter Zugang, der auch mit Gehhilfe oder Rollstuhl genutzt werden kann;
- ist die Beweglichkeit eingeschränkt, kann ein Hocker oder Stuhl benutzt werden;
- man kann die Kinder duschen, ohne selbst nass zu werden;

29.3: Großzügige bodengleiche Duschecke mit Ablaufrinne, im Spritzbereich mit Verglasung abgetrennt, sonst offen (baurmann.dürr Architekten)

29.4: Eine geringe Einbauhöhe weisen Wandablaufsystem auf. Da hierbei keine Eingriffe in den Bodenbelag erforderlich sind tragen Sie zur sicheren Nutzung der Dusche bei. (System Scada, Kessel AG)

- ist jemand pflegebedürftig, so kann geholfen werden.

Die Badindustrie hat diese Entwicklung mitgetragen: Bodeneinläufe und Ablaufrinnen mit Aufbauhöhen von weniger als 10 cm stellen geringe Anforderungen an den Fußbodenaufbau, was bei Modernisierungen sehr von Vorteil ist (→ 29.4 und 29.5).

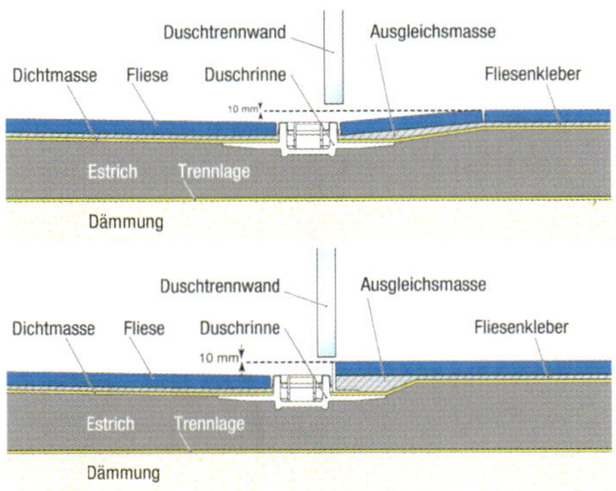

29.5: Ablaufrinne mit geringer Aufbauhöhe, lieferbar in Längen für den Einbau über die gesamte Breite der Dusche (Gefälle in nur eine Richtung → 29.1). Einbauvarianten: Variante 2 hat den Vorteil, dass ein Gefälle nur einseitig herzustellen ist. (System Linearis, Kessel AG)

30 Badreinigung erleichtern

Badputzen macht wenig Spaß, und es kann mühsam sein. Doch gerade hier, wo Wasser, Wärme und Luftfeuchte einen idealen Nährboden für die Bildung von Schimmelpilzen schaffen, ist gründliche Reinigung besonders wichtig. Und wenn's schon sein muss, dann sollte man wenigstens versuchen, es einfacher zu machen.

Ein besonderes Ärgernis sind die dauerelastischen Fugen zwischen den Böden und den Wänden gefliester Duschen. Sie sind notwendig, aber oft schon sehr bald unansehnlich. Zudem gibt es häufig in gleicher Art abgefugte Ecken zwischen den Wänden, die in der Regel nicht sein müssen (hier reicht normaler Fugenmörtel). Alle diese Fugen sind schwer sauber zu halten, weil sie in den Ecken liegen. Solche Fugen lassen sich mit keramischen Formteilen zur Ausrundung der Ecken vermeiden. Die zwischen Boden und Wänden nötige elastische Fuge wird aus dem Bodenbereich nach oben versetzt, wo sie nicht mehr in einer Ecke und ständig im Wasser liegt.

Auch wenn nicht gefliest wird, also bei beschichteten Wänden und Böden, ist es zu empfehlen, die Ecken auszurunden.

Die Hersteller von Sanitärobjekten haben längst erkannt, dass Pflegeleichtigkeit ein gutes Verkaufsargument ist. So bieten sie Badkollektionen an, bei denen der Reinigungsaufwand durch entsprechendes Design und die technische Ausführung merklich verringert ist, z. B. durch verdeckte Wandbefestigungen, spülrandlose WCs und abnehmbare WC-Sitze.

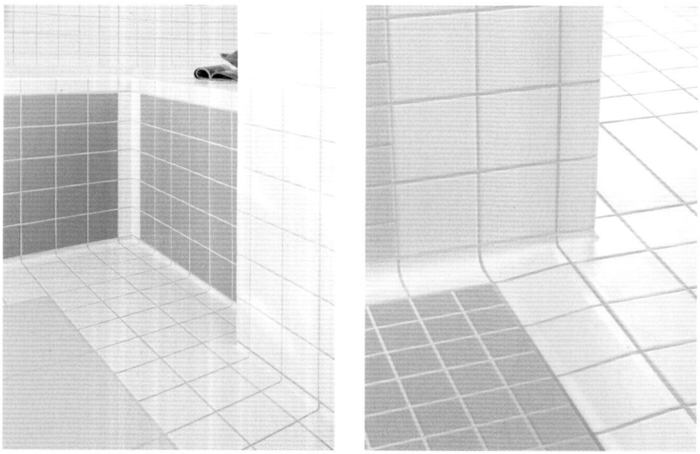

30.1: Mit keramischen Formteilen können die Ecken verfliester Wände und Böden ausgerundet werden. Das bringt elastische Verfugungen aus der Wasserebene und erleichtert die Reinigung. (©Villeroy & Boch Fliesen)

30.2: Als besonders reinigungsfreundlich gelten WCs, bei denen das Spülwasser so geführt wird, dass der Spülrand entfallen kann. (Keramag)

Sichere Armaturen 31

Badarmaturen sollen schön sein. Häufig sind sie im Bad das Tüpfelchen auf dem i. Es werden oft beträchtliche Summen dafür auf den Tisch gelegt, nicht immer mit dem Blick auch auf die praktische Handhabung. Deshalb sollten Sie die Bedienung der zur Wahl stehenden Armaturen im eingebauten Zustand ausprobieren. Insbesondere auf Folgendes sollte geachtet werden:

- Bei Einhebelmischern muss deutlich erkennbar sein, in welcher Einstellung warmes und in welcher kaltes Wasser fließt.
- Ein unbeabsichtigtes Verstellen des Hebels sollte auszuschließen sein.
- Eine Sperre sollte verhindern, das unbeabsichtigt zu heißes Wasser gezapft wird.
- Kurze Hebel sind schwer fein einzustellen, bei langen Hebeln ist das erheblich einfacher.
- Armaturen, die sich mit dem Arm bedienen lassen, machen die Berührung mit den Händen unnötig.
- Wannenarmaturen müssen so angebracht sein, dass man sie in der Wanne sitzend gut erreichen kann.

Die größte Gefahr besteht darin, dass unbeabsichtigt viel zu heißes Wasser fließt. Besonders bei Duschen ist darauf zu achten, dass der Bedienungshebel nicht durch Körperberührungen verstellt werden kann. Deshalb muss die Armatur außerhalb des Bewegungsraums der Dusche liegen, also nicht unterhalb der Duschstange oder des Brausekopfs, sondern abseits hin zur Ecke. Bei ungünstig angeordneten Armaturen mit scharfen Kanten besteht auch Verletzungsgefahr bei unkontrollierten Bewegungen.

Werden Armaturen verwendet, bei denen die Temperatur über einen Thermostat gesondert eingestellt wird, besteht die Gefahr des unbeabsichtigten Verstellens nicht.

Waschtische werden heute nahezu ausschließlich nach ihrem Aussehen ausgesucht. Das stört im Alltag nicht, denn wenn geduscht wird, braucht man den Waschtisch nur zum Händewaschen und Zähneputzen. Es kann aber passieren, dass der Arzt für gewisse Zeit das Duschen verbietet oder dass dies aus anderen Gründen vermieden werden muss. Dann zeigt sich, was der Waschtisch taugt. Auf einmal stören womöglich starre, zu kurze oder zu niedrige Ausläufe, zu kleine oder zu flache Becken. Falls Sie den Waschtisch auch tatsächlich zum Waschen benutzen wollen, darf es solche Unzulänglichkeiten nicht geben. Ratsam ist die Wahl einer Armatur mit ausziehbarer oder separater Brause.

Und dann ist es vielleicht auch besser, einen größeren Waschtisch anstelle von zwei kleineren Waschtischen einzubauen.

31.1: Thermostat-Armaturen verhindern das versehentliche Verstellen der Wassertemperatur. Die Gefahr, sich zu verbrühen, wird damit nahezu ausgeschlossen. Zudem sind Drehgriffe leichter fein einzustellen als Hebelgriffe. (Grohe)

32 Hygienehilfen

Man spricht nicht gern darüber. Aber wer Bauen und Bäder einrichten will, muss Klartext reden, wenn entschieden wird, welche Sanitärobjekte eingebaut werden.

Alle reden von Hygiene, und niemand möchte sich nachsagen lassen, er wäre diesbezüglich etwas nachlässig. Doch wenn der Architekt seine Bauherrschaft fragt, ob ein Bidet eingebaut werden soll, dann heißt es zumeist »das brauchen wir nicht«. Mag ja sein, dass es jetzt nicht gebraucht wird. Aber das Bad wird nicht nur für heute eingerichtet. Und es werden Situationen kommen, in denen man bedauert, sich damals nicht für ein solches entschieden zu haben.

Sollte es dabei um die Platzfrage gehen und ist der Raum tatsächlich knapp, dann gibt es einen Kompromiss: Statten Sie das WC mit einer Handbrause aus (auch Intimdusche genannt). Das nimmt keinen Platz weg und erfüllt mit kleinen Einschränkungen denselben Zweck. Diese Lösung hat einen Nachteil: Jede Fehlbedienung oder ein Defekt kann zur Überschwemmung der Wohnung führen. Deshalb ist es von großem Vorteil, wenn der betreffende Raum mit einen Bodeneinlauf ausgestattet ist. Das kann eine bodengleiche Dusche sein, sofern der Boden des Bades mit einem Gefälle hin zur Dusche ausgeführt wird.

Eine andere Alternative ist eine sogenannte WC-Dusche, die in anderen Ländern weit verbreitet, hierzulande aber noch selten ist.

Sie sollten auch über ein Urinal nachdenken. Da darf nicht drum herumgeredet werden. Vielmehr müssen Bauherrin und Bauherr untereinander klären, wie sie das Bad benutzen wollen. Die Entscheidung dafür oder dagegen kann durchaus Auswirkungen auf den späteren häuslichen Frieden haben.

32.1: WC-Bidet-Kombination, wandhängend (Hatria Fusion)

32.2: Gäste-WC-Ausstattung mit Urinal (Duravit)

(Arch.: Becher + Hatzijordanou)

Fenster und Türen

33 Komfortable Türbreiten

33.1: Platzsparend und bedienungsfreundlich ist diese Falttüre. Der Türgriff bleibt beim Öffnen und Schließen gut erreichbar, auch im Rollstuhl. (Küffner)

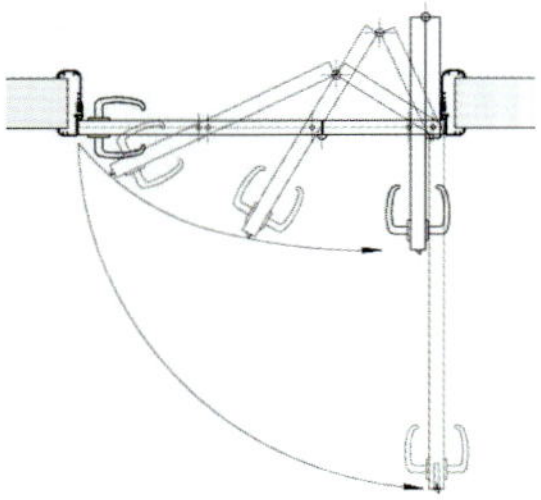

Bei nahezu jedem Eigenheim ist die Hauseingangstüre einen Meter breit und 2,10 Meter hoch. Man soll schließlich bequem ins Haus gelangen, und beim Einzug ist die große lichte Öffnung auch von Vorteil. Unverständlicherweise endet diese Großzügigkeit oft bereits hinter der Haustüre. Bei den Zimmertüren werden die Bauherren (und die Architekten) knausrig. Nicht selten werden, teils wegen vermeintlicher Kostenvorteile, teils wegen beengter Verhältnisse im Grundriss, die Zimmertüren nur noch 70 Zentimeter breit und zwei Meter hoch ausgeführt. Für Bäder und WC-Räume müssen oft noch schmalere Türen ausreichen.

Dabei müsste jedem klar sein, dass es wenig nützt, ein Möbel zwar durch die Haustüre, nicht aber ins Zimmer zu bekommen, für das es bestimmt ist. Aber auch bei den alltäglichen Bewegungen von einem Raum in den anderen sind großzügige Türöffnungen kein Luxus. Wie oft werden Körbe mit Wäsche, Einkaufstaschen und Gepäckstücke durch die Wohnung befördert. Oder versuchen Sie, das Tablett mit dem Mittagessen durch die nur 70 Zentimeter breite Türe zu tragen. Kurz: Immer dann, wenn Sie beim Durchschreiten einer Türöffnung achtsam sein müssen, dann ist diese zu knapp bemessen.

Noch größere Schwierigkeiten machen enge Türöffnungen, wenn Ihr Idealgewicht Sie längst verlassen hat oder wenn Sie einmal auf Gehhilfen oder die Hilfe anderer Personen angewiesen sind.

Um solche Unbequemlichkeiten zu vermeiden, sollten Zimmertüren grundsätzlich nicht weniger als 90 Zentimeter breit sein. Um das zu erreichen, muss die Türöffnung im Rohbau etwas über einen Meter breit sein. Dann kann eine Türe mit der lichten Durchgangsbreite von 94,5 Zentimetern eingebaut werden. Auch eine lichte Höhe von 2,10 Metern sollte nicht unterschritten werden, denn es ist für große Menschen unangenehm, bei jeder Türe instinktiv den Kopf einzuziehen.

Sicher kostet es etwas Mühe, bei beengteren Grundrissen mit diesen Türbreiten zu planen. Und möglicherweise muss hierfür auch an der einen oder anderen Stelle etwas Raum zugegeben werden. Doch dürfte es immer möglich sein, dieses Mehr an anderer Stelle wieder einzusparen.

Die Mehrkosten sind kein Argument, da die Preisunterschiede zwischen einer 70 Zentimeter breiten und einer 90 Zentimeter breiten Tür marginal sind, sofern sie nicht ohnehin preisgleich angeboten werden. Der Preisunterschied von Türen mit 2 Metern Höhe und solchen mit 2,10 Metern beträgt 10 Prozent bis etwa – im unteren Preissegment – 25 Prozent. Das sind bei zehn Türen mittlerer Qualität rund 600 Euro.

Mechanische Antriebe 34

Türen öffnen und schließen macht normalerweise keine Mühe. Das ändert sich, wenn man das Bein in Gips hat und möglichweise auf eine Gehhilfe angewiesen ist. Ist die Türe dann noch mit einer Schließautomatik ausgestattet, dann kann es sogar schwierig werden, sie zu öffnen.

Solche und ähnliche Erschwernisse gibt es bei Türen mit mechanischem Antrieb nicht. Die so angetriebenen Türen öffnen sich auf ein Signal hin und schließen sich nach einer festzulegenden Zeit wieder selbsttätig. Eine solche elektrisch betriebene Mechanik ist an all den Türen nützlich, die man häufig nur mit Schwierigkeiten öffnen kann, weil man die Hände nicht frei hat, so z. B., wenn man mit Einkaufstüten oder mit dem Reisegepäck vor der Haus- oder Wohnungseingangstüre steht oder wenn man mit voll beladenem Servierbrett von der Küche ins Esszimmer will. Und auch mit einem Kleinkind auf dem Arm wird jede Türe zum Hindernis.

Der Öffnungsmechanismus kann durch Taster, Bodenkontakt, Bewegungsmelder oder Lichtschranken ausgelöst werden. Bei Haus- und Wohnungseingangstüren stehen zur Bedienung Handsender, Smartphones, Code-Karten oder Fingerprint-Erkennung zur Wahl.

Die Antriebe gibt es für alle Arten von Dreh- und Schiebetüren. Sie können sichtbar, auch nachträglich, oder unsichtbar ins Türblatt oder in die Zarge eingebaut werden. Die Öffnungs- und Schließsysteme stoppen, wenn der Vorgang durch Gegenstände oder Personenkontakt behindert wird.

Mechanische Antriebe sind insbesondere auch bei großen und schweren Schiebeelementen von verglasten Fassaden angebracht. Besondere Steuerungen sind hier im allgemeinen nicht erforderlich. Der Schließvorgang kann aber sinnvollerweise in ein Kontrollsystem eingebunden sein, mit dem das Haus »dicht« gemacht werden kann.

Schließlich sind mechanische Antriebe überall dort angebracht, wo man zum Öffnen und Schließen entweder nur schwer herankommt oder wo man z. B. bei Dunkelheit oder schlechtem Wetter nur ungern hin will. Das betrifft alle außenliegenden Schutzeinrichtungen, insbesondere von außen bedienbare Schiebe- und Klappläden und Hof- oder Gartentore.

34.1: Türen mit mechanischem Antrieb sind immer komfortabel. Besonders lernt man sie zu schätzen, wenn es gerade mal nicht so sportlich geht. (Dorma)

35 Große Fenster nach Süden

Über die Ausrichtung des Hauses nach der Sonne und die damit möglichen Wärmegewinne haben wir schon an anderer Stelle gesprochen (→ 11). Diese Wärmegewinne sind zwar prinzipiell durch jedes der Sonne ausgesetzte Bauteil zu erzielen, am wirksamsten sind hier aber verglaste Bauteile. Und nur die über transparente Bauteile gewonnene Strahlungswärme wird bei der nach der Energieeinsparverordnung vorgeschriebenen Berechnung des Primärenergiebedarfs berücksichtigt. Wie das im Einzelnen geschieht, muss hier nicht erläutert werden, das weiß Ihr Architekt.

Solare Wärmegewinne entstehen dann, wenn während der Heizperiode die Wärmestrahlung der Sonne so genutzt werden kann, dass der Energiebedarf für die Beheizung entsprechend verringert wird. Verglasungen lassen einen Teil der Solarstrahlung ins Haus eindringen. Dort können sie die Bauteile, auf die sie auftreffen, erwärmen. Das funktioniert am besten, wenn diese Bauteile gut wärmeleitfähig sind. Die Wärme wird dann im Bauteil gespeichert, die Speicherfähigkeit ist abhängig von der Masse des Bauteils. Sehr gute Wärmespeicher sind Bauteile aus Stein und Beton.

Wie viel Wärme in den Raum gelangt, ist von der Art der Verglasung abhängig und wird durch deren Gesamtenergiedurchlassgrad, den sogenannten g-Wert, bestimmt. Dieser Wert bewegt sich bei Zwei- und Dreischeiben-Wärmeschutzverglasungen zwischen 0,70 und 0,50. Der Wert beziffert den durch die Verglasung hindurchgehenden Anteil der auf die Verglasung auftreffenden solaren Strahlung. Nun ist es leider nicht damit getan, einfach die Verglasung mit dem höchsten g-Wert auszuwählen. Denn vereinfacht betrachtet, verschlechtert sich die Dämmeigenschaft der Verglasung, wenn der g-Wert verbessert wird. Es muss deshalb für den jeweiligen Einbauort der Verglasung nachgerechnet werden, ob man sich für die bessere Wärmedämmung oder für den besseren Energiedurchgang entscheiden sollte.

Übersteigen die Wärmegewinne eines Fensters innerhalb der Heizperiode dessen Wärmeverluste, so spricht man von einer positiven Energiebilanz. Ob die Energiebilanz positiv oder negativ ausfällt, hängt hauptsächlich davon ab, wie die Fenster zur Sonne stehen (siehe Kasten).

35.1: Dieses Haus steht in Graubünden. Es öffnet sich über die gesamte Fassade nach Süden. Der große Dachüberstand schützt vor Überhitzung im Sommer. (Arch.: Atelier Werner Schmidt)

Energiegewinne und Wärmeverluste einer Verglasung sind immer proportional zu deren Fläche. Deshalb ist es sinnvoll, Fenster mit positiver Energiebilanz möglichst großflächig auszuführen (→Kasten).

Will man diese Regeln einhalten, so muss der Grundriss des Hauses daraufhin angelegt werden. Nach Möglichkeit sind alle Wohnräume – und dazu gehören auch die Kinderzimmer – in südliche Richtungen anzuordnen. Das läuft zumeist dem Prinzip eines kompakten Gebäudes zuwider. Doch kann dieser Nachteil durch eine entsprechend verbesserte Wärmedämmung der nach Norden ausgerichteten Außenwände ausgeglichen werden.

Von Vorteil ist es, wenn bei den zur Sonne ausgerichteten Fenstern der Rahmenanteil minimiert wird. Das erreicht man mit raumhohen Verglasungen ohne Teilung, in die da, wo es erforderlich ist, bewegliche Fensterelemente eingefügt werden.

Die Energiebilanz der Fenster in der Heizperiode

- Nach Norden, Nordosten und Nordwesten ausgerichtete Fenster haben stets eine negative Energiebilanz. Sie sollten deshalb möglichst klein sein.
- Nach Westen oder Osten ausgerichtete, unverschattete Fenster weisen eine ausgeglichene Energiebilanz auf; sind sie teilweise verschattet, wird die Bilanz negativ.
- Unverschattete Süd-, Südwest- und Südost-Fenster weisen bei guter Zweifach- oder Dreifachverglasung eine positive Energiebilanz auf. Sie sollten deshalb möglichst groß sein.

35.2: Das Haus öffnet sich zur Sonne mit einer nahezu vollständig verglasten Fassade. Der große Dachüberstand schützt im Sommer vor der dann hochstehenden Sonne. (Arch.: f64 Architekten)

35.3: Maximale solare Wärmegewinne gewährleistet die geschosshohe Verglasung des Erdgeschosses. Vor Überhitzung im Sommer schützen außenliegende, verdeckt eingebaute Jalousien. Zum Schutz der Privatshäre hat man sich für die Schlafräume im Obergeschoss für ein durchgehendes Fensterband mit Brüstung entschieden. (→ 9.1 – 9.4) (Arch.: Volker Schwab)

36 Französische Fenster

36.1: Zeitgemäße Interpretation des französischen Fensters – ein ungeteiltes, einflügeliges Fenster, Horizontalstäbe der Fassadenbekleidung als Schutzeinrichtung. (Arch.: nonconform)

Als »französische Fenster« werden heute bis zum Boden reichende, türartige Fenster mit einem Schutzgitter verstanden. Solche Fenster verändern die Raumwirkung, indem sie einen sehr viel stärkeren Bezug zum Freien herstellen als konventionelle Fenster mit Brüstung. Besonder profitieren hiervon kleine Kinder, die schon im Krabbelalter ins Freie blicken können und später nicht auf Stühle steigen müssen, um zu sehen, was vor dem Haus geschieht. Diese Fenster erhöhen zudem den in den Raum gelangenden Anteil der Solarstrahlung und verbessern – bei hellen, reflektierenden Böden – die Lichtverhältnisse im Raum.

36.2: Alle Kinderzimmer des Hauses (→ 31) sind mit diesen zweiflügligen französischen Fenstern ausgestattet. (Arch.: Judarchitektur)

Türhohe Fensterflügel, wie sie zum Betreten eines Balkons erforderlich sind, sind charakteristisch für das französische Fenster. Fenster mit verglaster Brüstung sind keine gleichwertige Ausführung.

Französische Fenster können mit großflächigen Festverglasungen kombiniert werden. Grundsätzlich sollten breite Fensterflügel vermieden werden, da sie im geöffneten Zustand im Raum stören. Praktischer sind zweiflügelige Ausführungen.

Französische Fenster müssen mit einem Schutzgitter gesichert sein. Die Höhe dieses Gitters und seine Ausbildung muss den Bestimmungen der Bauordnungen entsprechen. Da diese Gitter bei Höhen ab einem Meter als Absturzsicherung dienen, müssen sie auch bestimmte statische Anforderungen erfüllen.

Blick zurück

Als »französische Fenster« wurde in alten Zeiten Fenster bezeichnet, die als Flügel hergestellt und mit Bändern eingehängt wurden. Damit unterschieden sie sich von den in England verbreiteten horizontal geteilten Schiebefenstern, die vor ein feststehendes Fensterelement hochgezogen werden konnten. Diese Fenster konnten nur von außen gereinigt werden: eine gefährliche Arbeit, viele kamen dabei zu Tode. Die Fenster französischer Bauart konnten dagegen ausgehängt werden, waren somit gefahrlos zu reinigen und galten nicht zuletzt deshalb als fortschrittlich.

Fenster mit Komfort 37

Fenster ist nicht gleich Fenster. Ein Fenster ist nicht nur eine Verglasung, die Licht, Sonne und Ausblick bietet, ein Fenster muss – je nach Lage und Raum - weitere Funktionen erfüllen: Es dient der Belüftung und verbindet den Raum gleichsam mit dem Freien. Und mancher macht es sich gern am Fenster bequem, um das Treiben um das Haus herum und auf der Straße zu beobachten.

Im Trend sind großflächige, ungeteilte Fensterelemente, was den Wünschen vieler Bauherren, aber auch den Architekturidealen vieler Architekten entspricht. Wenn das nicht zu teuer werden darf, werden die Glasflächen vorwiegend feststehend und die Fenster ungeteilt ausgeführt. Aus Fenstern werden Glaswände. Und dabei geht vieles an Komfort verloren, was Fenster früher ganz selbstverständlich boten, als die damalige Technik die Größe der Fensterflügel beschränkte.

Da ist zunächst die Breite der Fensterflügel: Bei der üblichen Breite von etwa 60 Zentimetern störten geöffnete Flügel nicht. Anders bei ungeteilten Fenstern mit Breiten um einen Meter und mehr. Solche Flügel müssen bei der Möblierung und bei der Nutzung der Räume berücksichtigt werden.

Eine andere Selbstverständlichkeit früherer Fenster sind die sogenannten Oberlichter. Damit werden horizontale Klappflügel bezeichnet, die die Fenster oben abschließen. Diese Flügel sind hervorragend für die zugfreie Lüftung der Räume geeignet. Da sie sich nahe der Zimmerdecke befinden, sorgen sie dafür, dass immer die oberste Schicht warmer und verbrauchter Luft abgeführt wird. Diese Oberlichter stellen im Gegensatz zu gekippten Fenstern auch im geöffneten Zustand kaum ein Einbruchsrisiko dar.

37.1: Das Fenster kann trotz Spüle mit hohem Schwenkhahn geöffnet werden (fingerhaus-Forum)

37.2: Im Altbaubestand sehr verbreitet: Fensterteilung mit Kämpfer und Oberlicht. (Bild: www.ventano.de)

37.3: Großflächige Verglasungen als Festelemente. Zur Be- und Entlüftung ist ein Oberlichtflügel mit manueller Bedienung vorgesehen. Da der Griff schwer zu erreichen ist, wäre hier ein mechanischer Antrieb kein Luxus. (Slavona)

37.4: Nach dem Prinzip der Topffenster ist dieses Lichtband angeordnet. Es eröffnet ein phantastisches Panorama, das durch eine Öffnung in der Wand noch beträchtlich erweitert ist, nicht beeinträchtigt durch die auf der Arbeitsplatte befindlichen Küchenutensilien . Auf bewegliche Flügel wurde verzichtet, Lüftung ist auf andere Weise möglich. (Foto: Johannes Kottjé)

Komfortabel sind auch die sogenannten Topffenster. So werden die feststehenden Fensterteile bei Fenstern oberhalb der Arbeitsplatte der Küche und unterhalb der beweglichen Flügel genannt. Sie ersparen das Abräumen der Arbeitsplatte, wenn man das Fenster, z. B. zum Lüften, öffnen will. Der Sicherheit dient in diesem Zusammenhang eine elektrische Schaltung, die verhindert, dass der Dunstabzug in Betrieb genommen wird, wenn das Fenster geschlossen und damit die Frischluftzufuhr unterbunden ist.

Bei großflächig verglasten Wänden sollte auch noch Folgendes bedacht werden: Verglasungen verbinden Innen und Außen. Wenn es draußen unwirtlich oder kalt ist, wird die Verglasung als Schutz empfunden. Ist es aber warm und sonnig, dann gibt es keinen Grund für diesen Schutz, dann will man den direkten Kontakt nach draußen, man will das Haus nach außen öffnen. Mit verglasten Wänden geht das nicht, und man fühlt sich wie in einen gläsernen Käfig eingesperrt. Diese Wirkung wird noch unangenehmer, wenn der bei großflächigen Verglasungen erforderliche Sonnenschutz unzureichend ist.

Baulicher Sonnenschutz 38

Großflächige Verglasungen können einen Beitrag zur Versorgung des Hauses mit Wärmeenergie leisten. Das bringt es aber mit sich, dass im Sommer zu viel Wärme ins Haus gelangen kann und sich die Räume über das Erträgliche hinaus erwärmen. Deshalb ist es unerlässlich, für diese Verglasungen Sonnenschutzeinrichtungen einzuplanen.

Man denkt hier zunächst an die gebräuchlichen Systeme wie Markisen und außenliegende Rollos oder Jalousien. Diese haben aber allesamt den Nachteil, dass sie in den kostengünstigen Ausführungen stärkerem Wind nicht standhalten. Um Beschädigungen oder Zerstörung vorzubeugen, müssen diese Systeme mit Windwächtern ausgestattet sein, die bei einer bestimmten Windstärke den Sonnenschutz einfahren.

Da starke Sonnenstrahlung und Wind durchaus gemeinsam auftreten können, ist in diesen Fällen die Aufheizung des Gebäudes nicht zu verhindern. Wird das nicht in Kauf genommen, müssen erheblich kostspieligere sturmfeste Ausführungen gewählt werden, die zwar nicht allen, aber Stürmen bis etwa Windstärke 11 widerstehen.

Um vor Windschäden wirklich sicher zu sein, empfiehlt es sich, einen konstruktiv stabilen starren Sonnenschutz vorzusehen. Das kann durch eine entsprechende Gestaltung des Baukörpers, z. B. durch Auskragungen oder die Ausbildung von Loggien, geschehen oder

38.1: Feststehender Sonnenschutz gegen hochstehende Sonne in Verbindung mit einem die gesamte Fassade überspannenden Balkon. Jalousien vor dem Balkon schützen bei niedrigerem Sonnenstand. (HBH Architekten) ◂◂

38.2: Der Balkon wirkt für das darunter liegende Geschoss als geschlossener Sonnenschutz. ◂

durch an die Fassaden angefügte vertikale oder horizontale Elemente.
Diese Vorrichtungen werden idealerweise so gestaltet und angebracht, dass sie die Sonnenstrahlung im Sommer (also bei hochstehender Sonne) verhindern. Bei tiefer stehender Sonne wie im Frühjahr oder im Herbst, in der Zeit also, in der ein Wärmeeintrag in der Regel wünschenswert ist, wird die Einstrahlung nicht behindert. Das wird in der Regel aber nur näherungsweise gelingen. Um die Wirkung zu verbessern bzw. den Schutzbereich zu erweitern, gibt es solche Systeme auch mit beweglichen Lamellen.

Wenn wir hier von hochstehender Sonne sprechen, ist damit ein zeitlicher Bereich um den täglichen Höchststand der Sonne gemeint. Der beträgt in Deutschland im Mittel rund 60°. Zwischen 10 Uhr und 16 Uhr bewegt sich der Sonneneinstrahlwinkel zwischen 40° und 60° (Näheres dazu ist der Abb. 11.3 zu entnehmen).

Wollte man in diesem Bereich die Sonneneinstrahlung verhindern, müsste der Überstand des Sonnenschutzes in etwa der Höhe des jeweiligen Geschosses entsprechen.

Ein feststehender (baulicher) Sonnenschutz kann als überstehendes Dach oder als vorspringende Decke, als Balkon oder durch Ausbildung von Loggien geschaffen werden.

38.3: Ein über das Erdgeschoss auskragendes Obergeschoss, teils als Loggia ausgeführt, dient im Erdgeschoss als Schutz gegen hochstehende Sonne. (HBH Architekten)

Rollladen und Jalousie in einem 39

Wenn die Entscheidung für eine Sonnenschutzeinrichtung ansteht, dann muss sich der Bauherr die Frage stellen, was er hauptsächlich damit erreichen will. Denn es ist schwierig, alle Wünsche gleichermaßen zu erfüllen. Jedes zur Wahl stehende System hat seine Vor- und Nachteile. Sehen wir uns diese an:

Rollläden bieten – richtig ausgestattet – Schutz gegen Einbruch durchs Fenster, sie dienen als Sonnenschutz und sind geeignet, den Raum ganz oder teilweise abzudunkeln. Als Sonnenschutz nehmen sie dem Raum den Ausblick. Und sie sind nur mit großem Aufwand nachträglich einzubauen, sofern man sich nicht mit vorgesetzten Rollladenkästen anfreunden will.

Außenliegende Jalousien und Rollos sind gut geeignet als Sonnenschutz, bei Jalousien mit verstellbaren Lamellen bleibt der Ausblick ins Freie erhalten. Zur Sicherheit tragen sie nichts bei. Die Systeme sind windanfällig, sie müssen deshalb eingefahren werden, wenn Sturm droht. Will man sich darum nicht ständig kümmern, müssen die Systeme mit sogenannten Windwächtern ausgestattet werden, die dafür sorgen, dass die Jalousie mit Motorantrieb aus- und eingefahren wird.

Innenliegende Jalousien bieten einen guten Schutz gegen das Sonnenlicht, sie lassen aber erheblich mehr Wärme ins Haus eindringen als außenliegende Jalousien. Da sie nicht Wind und Wetter ausgesetzt sind, können sie erheblich einfacher gefertigt und entsprechend billiger als außenliegende Systeme sein.

Eine sehr gute Lösung sind die von wenigen Herstellern angebotenen sogenannten jalousierbaren Rollläden. Deren bewegliche Lamellen ermöglichen die Anwendung als geschlossener Rollladen wie auch – bei verstellten Lamellen – als Jalousie. Die Lamellen dieser Systeme sind breiter als die üblicher Rollläden. Entsprechend benötigen sie im aufgerollten Zustand auch mehr Platz. Zudem funktionieren diese Rollläden nur mit Motorantrieb. Sollen solche Rollläden verwendet werden, muss dies bereits im Rohbau und bei der Planung der Elektroinstallation berücksichtigt werden. Die Steuerung kann konventionell per Schalter erfolgen oder – mit entsprechend höherem Komfort - über ein Bus-System (→ 59) erfolgen. Die jalousierbaren Rollläden haben ihren Preis, rechnen Sie etwa mit dem Dreifachen dessen, was übliche Rollläden kosten.

39.1: Rollladen und Jalousie in einem – ein Sonnenschutzsystem für Bauherren, die beides wollen. (CeGeDe GmbH, System RoJa)

40 Schiebeläden

Sie wirken wie Rollläden; sind sie mit verstellbaren Lamellen ausgestattet, so bieten sie, bei deutlich höherem Preis, wie Jalousien den Blick nach draußen. Anders als Rollläden, die geöffnet in der Fassade überhaupt nicht in Erscheinung treten, müssen Schiebeläden in die Gestaltung der Gebäudeansicht einbezogen werden. Hierfür gibt es viele gelungene Beispiele, doch viel häufiger werden solche Lösungen verworfen – teils wegen des größeren Planungsaufwandes und der (z. B. im Vergleich zu Rollläden) höheren Kosten, teils weil die Fassadenplanung dies nicht zulässt.

Schiebeläden werden in Systemen angeboten, die zumeist aus Aluminiumrahmen mit Lamellen oder Füllungen unterschiedlicher Materialien und Macharten bestehen. Auch Holz-Schiebeläden sind sehr verbreitet. Lamellen mit Zwischenraum bieten Sonnenschutz und erhalten den Ausblick. Geschlossene Läden verdunkeln vollständig und dienen zugleich als zusätzlicher Wärmeschutz, insbesondere als Schutz gegen Wärmeverluste durch Wind.

40.1: Vor die Fassade gehängte Schiebeläden, angefertigt aus Stahlrahmen mit Holzlatten auf Abstand. (H2M Architekten und Stadtplaner)

40.2: Die Teilung der Fassaden ist auf die Fenster und die großflächigen Holz-Schiebeläden abgestimmt. Die Harmonie bleibt bei jeder Stellung der Läden erhalten. (Arch.: architectoo)

40.3: Die Schiebeläden sind in die Fensternischen eingelassen. So bleibt die Einheit der Fensteröffnungen gewahrt.

Temporärer Wärmeschutz 41

Fenster werden mit Einrichtungen zum Schutz vor Sonne und gegen Einblick, zur Verdunklung und zur Sicherung gegen Einbruch versehen. Werden hierzu Schiebe- oder Klappläden oder Rollläden eingebaut, so können diese Einrichtungen auch als temporärer Wärmeschutz dienen. Temporär, weil die Schutzfunktion nur im geschlossenen Zustand besteht. Voraussetzung ist selbstverständlich eine geschlossene und in oder an der Fensteröffnung möglichst dicht anschließende Ausführung.

Die Schutzwirkung ist, wenn sie auch nur zeitweise besteht, beachtlich. Geschlossene Läden verringern durch die Luftschicht zum Fenster den Wärmeverlust durch das Fenster. Die beste Wirkung wird mit einer stehenden Luftschicht erzielt, die sich dann ausbildet, wenn die Läden dicht schließen. Darüber hinaus halten sie den Wind ab, der erheblich zur Abkühlung der Fensteraußenfläche beiträgt. Bautechnisch bedingt sind Klappläden am besten als temporärer Wärmeschutz geeignet. Sie sind in geschlossener Ausführung absolut dicht und können wie Fenster in einen mit einer Dichtung versehenen Falz einschlagen. Das gilt für Holz- und Aluminiumklappläden gleichermaßen. Letztere werden auch mit PU-Schaum-Kern angeboten, ihre Dämmwirkung entspricht Klappläden aus Massivholz der marktüblichen Dicke.

Sind als temporärer Wärmeschutz geeignete Einrichtungen vorhanden, sollten sie auch benutzt werden, indem man sie nachts schließt. Es lohnt auch, sie an kalten Tagen bei nicht genutzten Räumen geschlossen zu halten. Dies unterbleibt jedoch häufig, weil das Öffnen und Schließen lästig sein kann.

Es wird sich deshalb lohnen, das Öffnen und Schließen elektrischen Antrieben zu überlassen, was bei Rollläden ohnehin die wärmetechnisch beste Lösung ist, weil kein Gurt nach innen geführt werden muss.

41.1: Klappläden schließen, wenn sie wie hier sehr exakt in die Leibung eingepasst sind, sehr dicht. (Hochstrasser Architekten)

41.2: Geschlossene Klappläden helfen, die Wärme im Haus zu halten. Und sie schützen vor ungebetenen Gästen.

42 Schaltbare Verglasung

Dass man heute auch im Bad nicht auf Tageslicht verzichten will, sondern auch hier großflächige Verglasungen erwünscht sind, darüber haben wir schon an anderer Stelle gesprochen. Das heißt aber nicht, dass man dem Nachbarn gestatten will, einem beim Duschen zuzusehen. Sofern also Einblick durch Fremde möglich ist, wird man überlegen, wie dem zu begegnen ist.

Rollläden sind keine akzeptable Lösung, da sie den Raum abdunkeln. Die früher beliebten Gardinen, die Ausblick boten, Einblicke aber weitgehend verhinderten, passen nicht mehr in die Ästhetik moderner Badezimmer. Eher schon werden Sie sich mit innen angebrachten Jalousetten anfreunden können, die bei Bedarf schnell auf blickdicht zu verstellen sind, dabei aber noch genügend Tageslicht durchlassen.

Eine raffinierte, aber etwas kostspielige Möglichkeit bieten schaltbare Verglasungen. Diese heißen PDLC-Verglasungen (Polymer-Dispersed-Liquid-Crystal) und sind mit milchig-trüben Schichten versehen, die beim Anlegen einer elektrischen Spannung durchsichtig werden. Die Schaltung steuert nur von opak zu transparent und umgekehrt. Die Lichtdurchlässigkeit, die Dämmeigenschaften und der Gesamtenergiedurchlassgrad der Verglasung bleiben dabei unverändert (→ Kasten).

Diese Technologie ist noch recht jung; es ist deshalb zu empfehlen, sich eingehend über diese Produkte zu informieren. Achten Sie hierbei besonders auf ausreichend lange Garantie. Die Preise liegen bei 1200 Euro pro Quadratmeter ohne Montage.

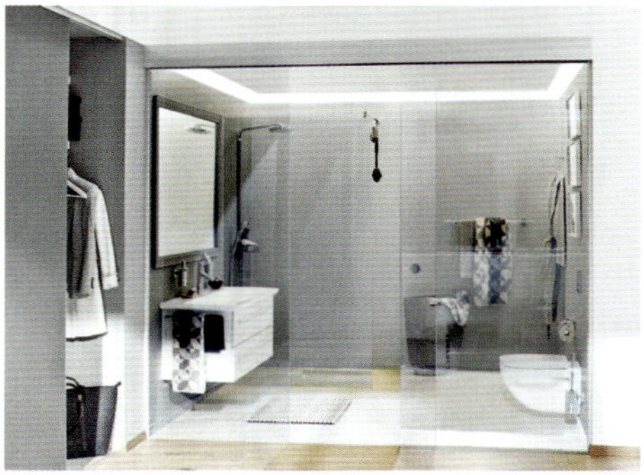

42.1: Die den Raum trennende Verglasung ist durchsichtig, wenn eine elektrische Spannung angelegt ist.

42.2: Die Verglasung wird undurchsichtig, wenn die Spannung abgeschaltet wird. (Fotos: PRIVA-LITE; Saint-Gobain Glassolutions)

Schaltbare Verglasungen

Mit dem Begriff »schaltbare Verglasungen« werden vereinfachend Verglasungssysteme bezeichnet, die mit Schichten oder Folien versehen sind, die durch elektrische Spannung oder das Fließen elektrischen Stroms ihre Eigenschaften verändern. Dies wird unter anderem zum Sonnenschutz und zur Verminderung des Wärmedurchgangs im Sommer (sommerlicher Wärmeschutz) eingesetzt (→ 38).

baurmann.dürr Architekten
Ausbau und Einbauten

43 Wandoberflächen

Die meisten massiven Wände von Neubauten werden verputzt; bei Häusern in Holzbauweise werden, um den Putzcharakter zu erzielen – und um Baufeuchte zu vermeiden – Trockenputzplatten verwendet. Wenn davon abgewichen wird, dann meistens aus einem oder mehreren der folgenden Gründe:

- Oft wird eine kostengünstigere Alternative gesucht.
- Oder man möchte weg vom Putz, wünscht ein anderes Erscheinungsbild der Räume.
- Auch kann es darum gehen, durch die Wahl anderer Verfahren zur Behandlung der Oberflächen die Bauzeit zu verkürzen.

Eine gewisse Vorliebe zu unbehandelten, sozusagen natürlichen Wandoberflächen hat ihren Ursprung in den Industrie-Lofts, die möglichst unverändert bewohnt werden, mit unverputztem Ziegelmauerwerk und unverkleideten Stahlträgern. Vor diesem Hintergrund sind derzeit Wände und Decken in Sichtbeton sehr beliebt. Dabei geht es in der Regel nicht um die Kosten, sondern um die Wirkung des Materials, denn hochwertiger Sichtbeton ist teuer.

Wer mit sichtbarem Beton Geld sparen will, der muss Beton unbehandelt so belassen, wie er aus der Schalung kommt (→ 43.3). Wer Unregelmäßigkeiten, Farbunterschiede, Fugen und andere Spuren der Herstellung mit Spachtelungen beseitigen will, der muss mit Kosten rechnen, wie sie beim Verputzen anfallen.

Mit Betonfertigteilen erhält man von Haus aus Oberflächen besserer Qualität als bei Ortbetonausführung. Wobei sichtbare Betonflächen in jedem Fall die frühzeitige Planung

43.1, 2: Dieses Haus, aus Holz erbaut, soll zeigen, woraus es ist. Dazu wurden die Wände und Decken mit unbehandelten Furniertafeln bekleidet. Die edle Wirkung erfordert penible Verlegepläne und exakte Schreinerarbeit. (Arch.: M. Meyer) ▾ ▸

alle dessen erfordert, was später in der Wand oder der Decke verborgen sein soll wie z. B. die Elektrolinstallationen.

Aber: Ganz unbehandelt ist Beton sehr empfindlich gegen Verschmutzung, vor allem in Verbindung mit Flüssigkeiten. Eine Imprägnierung der gefährdeten Flächen ist unverzichtbar.

Einen nicht zu übersehenden Vorteil haben diese Alternativen zu Putz und Tapeten: Es gibt keinen den regelmäßigen Malerarbeiten entsprechenden Renovierungsaufwand.

43.4: Die Wände und das Dach dieses Hauses zeigen, dass sie mit Betonfertigteilen hergestellt sind. Die Oberflächen brauchten keine weitere Behandlung. Auch der Boden besteht aus Beton, hier mit einer Spachtelung veredelt. (Fabi Architekten)

43.3: Unbehandelte Betonflächen sind zunehmend beliebt. Warum das so ist, erklärt sich auch aus diesem Bild: Solche Flächen entfalten zusammen mit Möbeln und Ausstattung eine überzeugende grafische Wirkung. (Arch.: Wolfdieter Albrecht)

43.5: Die Wände der Aufenthaltsräume sind bis in die Fensterleibungen mit Weißtannentäfer verkleidet. Diese Räume wollen nur sparsam möbliert werden. (Arch.: Schroetter-Lenzi)

44 Fußbodenbeläge

Holz ist der wohl beliebteste Fußbodenbelag im Eigenheimbau, entweder als Parkett oder als Dielen. Keramikbeläge sind selbst in Küchen seltener geworden. Und wie bei den Wandbelägen besteht auch bei den Fußböden eine Tendenz zu einfachen Lösungen.

Ebenfalls vom Loft-Wohnen kommt eine Vorliebe für industriell wirkende Böden, insbesondere für direkt nutzbare Estriche. Sie bestechen mit fugenlosen, steinartigen Oberflächen, die großflächig alle Räume verbinden.

Wie bei Wänden und Decken geht es auch hier nicht immer darum, Kosten zu senken. Denn dauerhaft hochwertig wirkende Böden erhält man nur mit aufwendigen Beschichtungen (zumeist auf Epoxydharz-Basis), und die haben ihren Preis, vergleichbar dem von Parkett oder keramischen Platten.

Epoxidharz-Bodenbeläge bilden eine gleichmäßige, fugenlose Schicht; sie lassen sich in jeder beliebigen RAL-Farbe einfärben, von hoch glänzend bis matt. Auch die Struktur dieser Bodenbeläge ist wählbar, üblicherweise werden leicht raue, rutschfeste Texturen gewählt.

Wer Holz einer steinähnlichen harten Beschichtung vorzieht, findet im sogenannten Industrieparkett einen sehr preiswerten wie robusten Bodenbelag. Dieser auch Stäbchen-

44.1: Die Beschränkung auf Schwarz und Weiß, getragen durch eine matt glänzende Bodenbeschichtung und Putzflächen, lässt die Ausblicke ins Grüne wie Bilder erscheinen. (Arch.: Florian Braun)

44.2: Durch Boden- und Wandbeschichtungen verlieren Bäder das durch Fliesen geprägte Nassraum-Image. (Arch.: Michael Meyer)

parkett genannte Belag ist, geölt, sehr leicht zu reparieren und – wegen der Materialdicke von etwa 2 Zentimetern – nahezu unbegrenzt abschleifbar. Der Belag ist deshalb auch sehr gut für Küchen geeignet. Und weil Holz erheblich weicher ist als Stein, geht hier auch nicht jedes Glas zu Bruch, wenn es herunterfällt.

44.3: Hier übernimmt die Bodenbeschichtung in einer Art Lasurtechnik die Farben der Naturholz-Möbel. (Fabi Architekten)

44.4: Das kleinformatige, etwas lebhafte Industrieparkett harmoniert sehr gut mit dem Weiß der Wände und Decken. (Fabi Architekten) ◂

44.5: Auch bei diesem Haus wird ein »buntes«, kleinformatiges Parkett mit weißen Putzflächen kombiniert. (Arch.: Volker Schwab) ▾

45 Einbauschränke

Es gibt verschiedene Gründe, das Haus oder die Wohnung mit Einbauschränken auszustatten. Einer davon ist die optimale Ausnutzung des vorhandenen Raumes, insbesondere dann, wenn dieser nicht für Möbel in Standardgrößen ausreicht. Einbaumöbel sind deshalb häufig im Eingangsbereich als Garderobe anzutreffen. Beliebt sind Einbauschränke auch in Fluren. So wird die Verkehrsfläche zugleich zum Schrankraum (45.2).

Ein weiteres Argument für Einbauschränke ist der Umstand, dass, anders als bei aufgestellten Möbeln, keine Abstände zu Wänden, Fußboden und Decke bleiben, die den Hausputz erschweren.

Viel wichtiger als diese praktischen Gesichtspunkte sind für Liebhaber von Schrankeinbauten die ästhetischen Qualitäten, die damit für die Gestaltung der Räume verfügbar werden. Da wirken die Art der Oberflächen, deren Gliederung, z. B. durch ein ablesbares Raster, und die Wahl der Materialien zusammen. Und es lassen sich überraschende formale Akzente setzen, wie sie die großen Abbildungen dieser Seiten zeigen.

Einbauschränke sind dann kostengünstig, wenn damit Raum für Nötiges nutzbar gemacht werden kann, der anderenfalls verloren wäre. So z. B. unter Dachschrägen oder unter Treppen. In allen anderen Fällen kann man mit

45.1: Die fein ausgeführte Schreinerarbeit kommt durch die weißen Oberflächen besonders gut zur Geltung. (baurmann.dürr Architekten)

Einbauschränken nichts sparen. Andererseits sind qualitativ und ästhetisch hochwertige Einbauten durch nichts adäquat zu ersetzen.

45.2: Der Flur wird durch bekleidende Einbauschränke zum Schrankraum. Eingestellte Schränke mag man sich hier nicht vorstellen. (H2M Architekten+Stadtplaner) ◀

45.3: Das Motiv der weißen Oberfläche, hinter der sich Naturholz verbirgt (→ 45.1), bestimmt die Innenräume des ganzen Hauses. Es wird immer wieder vorgetragen durch sparsame Einschnitte in die weiße Haut, die das Innere zum Vorschein bringen.

46 Einläufige Treppen

Erstrecken sich Wohnungen über mehrere höhenversetzte Ebenen, so werden diese durch Treppen verbunden. Inwieweit dieses Verbinden gelingt, hängt vor allem von der Art und der Anordnung der Treppen ab. In den meisten Fällen wirken die Treppen mehr trennend als verbindend, vor allem wenn

- die Treppe keinen Blickkontakt von Ebene zu Ebene erlaubt,
- die Treppe aus dem Grundriss herausgenommen, quasi beiseite geschoben wurde oder
- in eine Art Treppenhaus verbannt ist, was
- auch den sprachlichen Kontakt unterbindet.

Dies alles kann gewollt sein, wenn eine Trennung der Ebenen erwünscht ist. Will man das aber vermeiden, müssen Treppen so ausgebildet und platziert werden, dass sie Bestandteil des Wohnbereichs sind und Sicht- und Sprachkontakt der Bewohner über die Ebenen hinweg ermöglichen.

46.1: Wie eine große Holzplastik wirkt diese einläufige Treppe. (Fabi Architekten) ▸▸

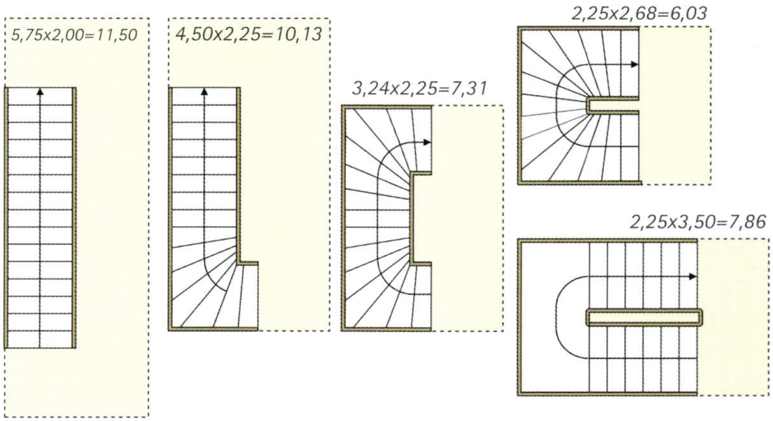

46.2: Unterschiedliche Treppenarten und ihr Platzbedarf (qm) bei üblicher Geschosshöhe und Treppensteigung

46.3: Besonders leicht wirken einläufige Treppen als Stahlwangentreppen ohne Setzstufen, wodurch die Treppe ihre raumtrennende Wirkung verliert und durchsichtig bleibt. (Arch.: Wolfdieter Albrecht)

46.4: Wie gefaltet erscheint diese Treppe, die mitten durch den hohen Raum führt. Der Steg bildet den Weg vom Antritt zum Austritt der Treppe ab. (Arch.: Volker Schwab)

Diese Anforderungen sind am einfachsten mit einläufigen Treppen zu erzielen. Das belegen die vielen Beispiele im derzeitigen Wohnungs- und Eigenheimbau, und diese wiederum zeigen, dass die möglichst enge Verbindung zwischen den Wohnebenen den Wünschen vieler Bauherren entgegenkommt.

Unterstützt wird diese Tendenz durch die einfache Konstruktion solcher Treppen und die damit erzielbaren ästhetischen Qualitäten. Dies und die Grundrissgeometrie dieser Treppen begünstigen deren Integration in die Wohnbereiche.

Nachteilig kann der relativ große Flächenbedarf dieser Treppen sein. Da der Antritt und der Austritt der Treppe weit voneinander entfernt liegen, wird zusätzliche Verkehrsfläche benötigt (→ 46.1), vor allem dann, wenn mehrere Treppen übereinander liegen. Deshalb werden bei sehr knappen Raumverhältnissen mehrfach gewendelte Treppen verwendet.

Eine enge Beziehung zwischen den Ebenen lässt sich mit erheblich größerem Aufwand, aber mit deutlich besserer Wirkung über Galerien und über mehrere Ebenen reichende Lufträume herstellen (→ 47).

47 Galerien

Eine sehr enge Verbindung zwischen Geschossen lässt sich über Galerien herstellen. Dazu braucht man einen Raum, dessen Höhe zumindest in Teilen über die zu verbindenden Geschosse reicht. Eine Galerie kann im Zusammenhang mit einer die Ebenen verbindenden Treppe stehen. Das muss aber nicht sein: Sie kann auch alleine durch den verbindenden Luftraum geschaffen werden.

Galerien waren früher häufig ein wesentliches Element bei der Gestaltung von Eingangshallen. Heute werden Galerien eher zur Verbindung der Geschosse im Wohnbereich eingesetzt. Oft wird der dafür notwendige hohe Raum für entsprechend große und hohe Verglasungen genutzt, vor allem dann, wenn damit ein schöner Ausblick verbunden ist.

47.1: Der Essplatz mit der darüberliegenden Galerie und Luftraum über zwei Geschosse bietet einen großartigen Ausblick auf den Innenhof. (baurmann.dürr)

47.2: Das ganze Dachgeschoss wird zu einem einzigen Wohnraum. Auf der eingestellten Galerie befinden sich Schlafraum und Bad. (Fabi Architekten)

47.3: Von der Treppe führt ein an der Außenwand anliegender Steg zu den oberen Räumen. Der schmale Luftraum verbindet mit der unteren Ebene (→ 47.7).

47.4: Die über zweigeschossige Verglasung wird durch einen Luftraum freigestellt. (→ 95) ◂◂

47.5: Dadurch genießt man den fantastischen Ausblick aus beiden Geschossen. ◂

47.6: Der Luftraum verbindet die Geschosse optisch und akustisch. ◂ (Fabi Architekten)

47.7: Der galerieartige Steg (→ 47.3) schafft Sichtkontakt von unten nach oben: so wird der Essplatz zum Mittelpunkt des Hauses. (Arch.: architectoo)

47.8: Mit dem Umbau sollte das Dachgeschoss freigeräumt werden. Zur Belichtung und für den Blick über das Neckartal wurde eine großflächige Dachverglasung eingebaut. Während des Umbaus reifte der Wunsch, einen Teil des Spitzbodens zur Galerie umzubauen und damit einen Platz zu schaffen, wohin man sich zum Lesen oder Musikhören zurückziehen kann.

48 Treppen – Sonderformen

48.1: Ein in Beton gefalteter Treppenlauf nutzt die Raumbreite. Die restliche Höhe wird – um 90 Grad gedreht – mit gefaltetem Holz überwunden. (Arch.: Volker Schwab)

Wenn in Kapitel 46 die Vorteile einläufiger Treppen hervorgehoben werden, so soll das nicht heißen, dass es nicht räumliche Situationen gibt, für die andere Treppenformen besser geeignet sind. Und manche Treppe entspringt einer Idee, die sich als so reizvoll und stimmig erweist, dass die Frage der Funktionalität und der Ökonomie in den Hintergrund gerät. Solche Treppen können den Raum aufwerten, ja manchmal wie eine Plastik wirken.

Das Besondere, das können Materialwechsel sein, wie z. B. eine Kombination aus Beton und Holz. Es kann die Brüstung sein, die eine Treppe ungewohnt und neu erscheinen lässt. Auch die Konstruktion und die Art der Übertragung der Lasten auf das Gebäude können überraschen. So können die hier angeführten Beispiele nur erahnen lassen, welche Spielräume hierbei bestehen und wie ideenreich Architekten und Ingenieure diese nutzen.

48.2: Über drei gerade Treppenläufe und zwei Podeste, alles in Sichtbeton, gelangt man ins nächste Geschoss. Die Brüstung zeichnet die Stufen der Treppenläufe nach. (Arch.: DMSW Architektur) ▶

48.3: Auch diese Holztreppe (Seite 79) dreht um 180 Grad, hier aber im Halbkreis durchgehend gewendelt. Die Brüstung verbirgt die Stufen und betont die Rundung. (Arch.: baurmann.dürr) ▶▶

Arch.: Schroetter-Lenzi

Komfort und Sicherheit

49 Haltegriffe

Fast jeder ist schon einmal in der Dusche ausgerutscht. Meistens geht das glimpflich ab, aber es kann auch mit einer ernsthaften Verletzung enden. Und das passiert Menschen, die in keiner Weise körperlich beeinträchtigt sind. Wie ist das erst, wenn die Beweglichkeit und die körperlichen Kräfte eingeschränkt sind? Nach einem Skiunfall, bei Krankheit oder im fortgeschrittenen Alter? Dann erhöht sich das Risiko zu fallen beträchtlich, und dann geht es häufig nicht mehr glimpflich ab.

Warum sorgen wir dann nicht dafür, dass unsere Duschen, die Badewannen, überhaupt die Badezimmer insgesamt uns sicheren Halt bieten und wir gar nicht erst zu Fall kommen? Es bedarf hierzu nur geringen Aufwands. Und was das kostet, steht in keinem Verhältnis zu den Kosten eines Unfalls mit Folgen. Abhilfe schaffen Haltegriffe überall dort, wo es rutschig sein kann oder wo ein Halt beim Hinsetzen oder Aufstehen hilfreich sein kann.

Es gibt Hinweise und Empfehlungen, welche Art von Haltegriff an welcher Stelle geeignet ist, wo und in welcher Höhe die Griffe am besten befestigt werden. Wenn Sie solche Halteeinrichtung zusammen mit der Badeinrichtung planen, können Sie sicherstellen, dass diese Einrichtungen zu den Sanitärobjek-

49.1: Die Griffe in der Dusche und am WC sind auf die Armaturen abgestimmt. Das hier montierte komplette Programm kann auch in Einzelteilen eingebaut werden, je nachdem, was aktuell benötigt wird. Beschichtete Wandoberflächen erleichtern die Montage (rechte Wand). Hier werden anders als bei gefliesten Flächen (linke Wand) keine Materialien beschädigt und es muss nicht auf das Fugenbild Rücksicht genommen werden. (Keuco, Fotostudio Casa)

ten und den Armaturen passen. Sind diese Dinge von Anfang an da, wird die später eintretende Bedürftigkeit nicht durch Hilfsmittel, die als nachträglich eingebaut erkennbar sind, quasi dokumentiert. Und seien Sie sicher, Sie werden diese Hilfen nützlich finden, lange bevor Sie sie tatsächlich benötigen.

Es ist natürlich nicht sinnvoll, Halteeinrichtungen zu montieren, die stören, solange man sie nicht benötigt. Es ist aber im Hinblick auf das einheitliche Design der Objekte sinnvoll, die Befestigungen dafür vorzurichten und die Geräte bis zur Nutzung aufzubewahren.

49.2: Es ist nur eine Frage der Gewohnheit: Haltegriffe erhöhen die Bequemlichkeit und geben Sicherheit. Wer für seine Gäste ein WC vorhält, sollte daran denken, dass nicht nur junge Leute zu Besuch kommen. Das Gäste-WC sollte deshalb das erste WC im Haus sein, dass für alle Eventualitäten vorgerichtet ist. (© FSB)

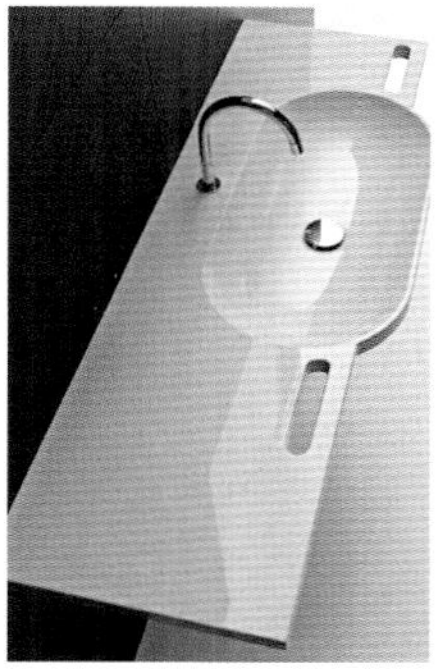

49.3: Der Waschtisch mit integrierten Haltegriffen kann in der erwünschten Länge produziert und geliefert werden. (HEWI)

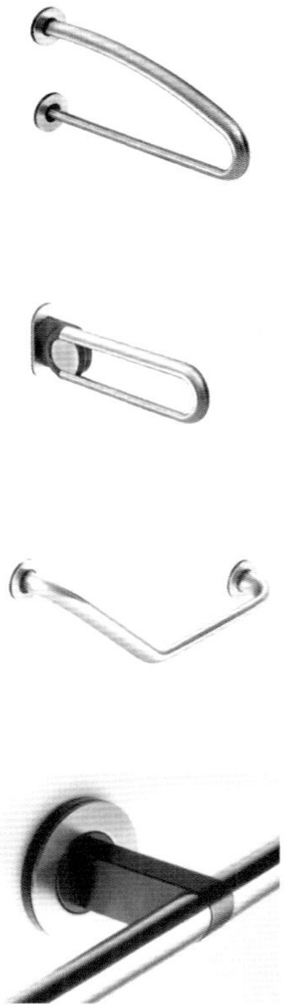

49.4: Auch die renommierten Hersteller von Armaturen und Badausstattung haben Haltegriffe in ihrem Programm. (© FSB)

50 Stolperfallen vermeiden

Beim Bauen und insbesondere beim Umbauen geht es zumeist eng zu: Entweder es ist zu wenig Platz, zu geringe Höhe, keine Zeit oder zu wenig Geld. Es gibt immer Gründe, Kompromisse einzugehen. Und nicht selten entpuppen die sich später als faule Kompromisse. Das gilt u. a. auch für bauliche Lösungen, die man als Stolperfallen bezeichnen muss.

Stolpern gehört zu den häufigsten Ursachen häuslicher Unfälle. Wer unachtsam ist oder nicht gut zu Fuß, der kommt leicht zu Fall, wenn sich im Fußboden unvermutet und nicht bemerkt ein Höhenunterschied befindet. Der kann von einem Belagwechsel (z. B. zum Bad) herrühren, von einem Türanschlag oder als Schwelle bewusst gesetzt sein.

Grundsätzlich sollten Höhenunterschiede und Schwellen nicht vorkommen. Sind sie technisch tatsächlich unvermeidlich, darf die Höhendifferenz zwei Zentimeter nicht überschreiten. Und die Gefahrenstelle sollte so ausgeführt sein, dass sie gut erkennbar ist. Befinden sich solche Stellen innerhalb eines Wegs, der nachts, möglicherweise ohne Licht begangen wird, dann ist hier ein Orientierungslicht angebracht.

Bei Umbauten und Modernisierungen lassen sich die Stolperfallen möglicherweise durch keilförmige Höhenübergänge vermeiden. Diese können entweder mit einem Estrich hergestellt werden, oder es werden entsprechend geformte Holzschwellen eingebaut. Aber auch damit können kaum mehr als 3 Zentimeter überbrückt werden.

Besondere Schwierigkeiten machen die Austritte auf Balkone und Terrassen, unter denen sich Räume befinden. Hier kommen zwei schwer miteinander zu vereinbarende Forderungen zusammen: Einerseits darf es keinen Höhenunterschied von innen nach außen geben, andererseits muss die Abdichtung über den Belag hochgeführt werden.

Komplettsystem AquaDrain® (Gutjahr) bestehend aus:

1 Flächendrainage
2 Lochwinkel
3 Fugenband
4 Drainrost
5 Schmutzgitter

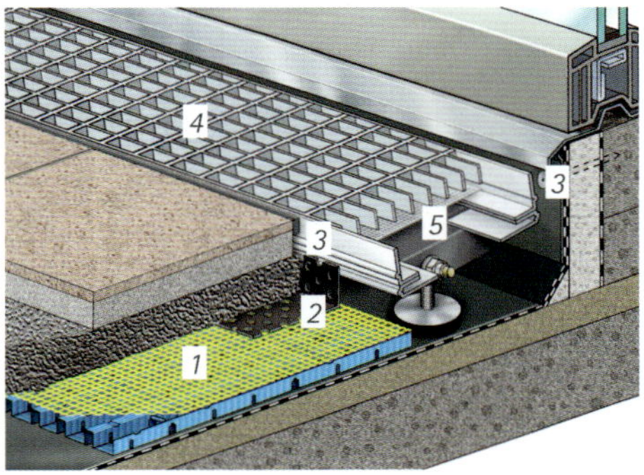

50.1: Stufenloser Austritt auf Balkon oder Terrasse mit aufgestelztem Drainrost in Verbindung mit Flächendrainage auf der Abdichtung. (Quelle: Gutjahr)

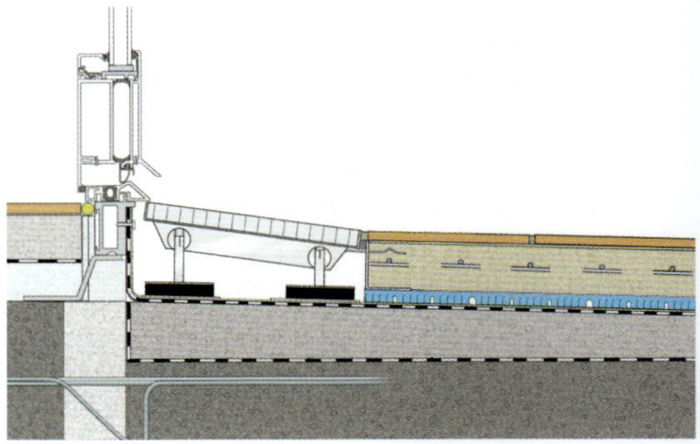

50.2: Der Drainrost kann durch Verstellen der Stelzlager rampenartig eingebaut werden. Damit kann die Abdichtung über den Belag hochgezogen werden.

Das ist bei Umbauten, wo die Fußbodenhöhen kaum wesentlich verändert werden können, nicht immer zu realisieren. Für den Neubau gibt es technische Lösungen, die alle darauf abzielen, Oberflächenwasser staufrei abzuführen, um auf diese Weise die Oberkante der Abdichtung aus dem Wasser zu halten. Eine derartige Konstruktion ist in 50.1 und 50.2 dargestellt.

Einfacher lässt sich dieses Problem bei Terrassen im Gelände vor dem Haus lösen. Besonders vorteilhaft sind etwas angehobene Holzterrassen, bei denen Stauwasser durch die Höhenlage nicht auftreten kann. Zum Schutz gegen Spritzwasser sind vor den Austritten Gitterroststreifen einzubauen. Hier bleibt lediglich das Risiko, dass sich Schnee anhäuft und beim Schmelzen einen Wasserstau verursacht. Das könnte zwar mit einer Beheizung verhindert werden, doch besser ist es, dies durch Kontrolle und Schneeräumen zu regeln.

Die Gefahr aufstauenden Wassers ist bei geschlossenen (vermörtelten) Plattenbelägen erheblich höher als bei lose im Kiesbett oder auf Stelzlagern verlegten Belägen. Bei diesen ist – bei ausreichend breiten Fugen – die wasserführende Schicht nicht die Belagoberfläche, sondern die Abdichtung selbst. Dabei ist zu beachten, dass ein Kies- oder Splittbett nur in Verbindung mit Drainmatten oder Stichkanälen ausreichend Wasser abführen kann. Der durch Aufständerung hergestellte Freiraum soll eine lichte Höhe von mindestens 3 Zentimetern herstellen. Aber auch hier bleibt das Risiko von Schneeansammlung und Schneeschmelze.

Was für Austritte auf Terrassen gilt, ist auch bei den Hauszugängen zu berücksichtigen, sofern diese nicht überdacht sind. Wird die Eingangsebene etwa eine Trittstufe hoch (mindestens 15 Zentimeter) über die umgebende Geländeoberfläche angehoben, kann Regenwasser sicher über eine Rinne, abgedeckt mit einem Gitterrost, abgeführt werden.

Stolperfallen entstehen auch, wenn im Eingangsbereich schmutzaufnehmende Matten ausgelegt werden. Wer solche sogenannten Sauberlaufmatten benützen will, sollte dies durch eine Aussparung im Fußboden berücksichtigen, die so tief ist, dass die eingelegte Matte mit dem umgebenden Fußboden oberflächenbündig liegt.

50.3: Stufenfreie und garantiert schlagregendichte Schwellen für Außentüren bietet die Magnet-Doppeldichtung, ein System, anwendbar beim Neubau wie beim Modernisieren. (Alumat® Frey GmbH)

51 Erhöhter Schallschutz

Lärm ist Belästigung, und davon gibt es im heutigen Alltag viel zu viel. Es ist hinreichend bekannt, dass Lärm krank machen kann. Deshalb ist es umso wichtiger, dass zumindest in den eigenen vier Wänden Ruhe herrscht, wenn das erwünscht ist. Darauf haben die Bewohner ein Anrecht. Um das sicherzustellen, gibt es Vorschriften, die einen Mindestschutz gegen störenden Lärm aus der Umgebung und Geräuschbelästigung aus fremden Räumen oder Wohnungen fordern.

Maßgeblich und zwingend anzuwenden ist die Norm DIN 4109, die Mindestwerte für die Schalldämmung der verschiedenen Bauteile eines Hauses oder einer Wohnung festlegt. Dabei geht es um zwei Arten von Schall, und zwar um

- Luftschall, z.B. in Form von Sprache, Musik oder Motorengeräusch, und
- Körperschall, verursacht z.B. durch Klopfen oder Hämmern, insbesondere aber durch das harte Auftreten auf Böden, in diesem Fall als Trittschall bezeichnet.

Weiterhin ist zu unterscheiden, ob es um den Schutz vor Lärm aus der Umgebung geht oder um den Schutz vor Geräuschen aus angrenzenden fremden Räumen. Schließlich ist es auch nicht unwichtig, wie es um die Schalldämmung zwischen bestimmten Räumen innerhalb einer Wohnung bestellt ist.

Welchen Schallschutz die verschiedenen Bauteile aufweisen müssen, ist der Tabelle auf Seite 97 zu entnehmen. Allerdings sind die Mindestanforderungen der Norm schon lange nicht mehr zeitgemäß. Immer wieder haben Gerichte festgestellt, dass ein Bauherr nach dem derzeitigen Stand der Technik einen besseren Schallschutz erwarten darf (hierzu gibt es mehrere Urteile des BGH). Nach vorherrschender Meinung sollten die nach der Norm für einen erhöhten Schallschutz genannten Werte als Mindeststandard angesehen und gefordert werden.

Wird ein erhöhter Schallschutz verlangt, müssen Schalldämmwerte erreicht werden, die weit über die Anforderungen der Norm hinausgehen. Geeignete Grundlagen hierzu bietet das dreistufige Anforderungskonzept der aktuellen VDI 4100 »Schallschutz im Hochbau – Wohnungen – Beurteilung und Vorschläge für erhöhten Schallschutz«. Des weiteren gibt es seit 2009 die sogenannte DEGA-Empfehlung L03 der Deutschen Gesell-

Schallschutz vereinbaren

Lassen Sie sich eingehend von Ihrem Architekten beraten. Er weiß, welche technischen Maßnahmen erforderlich sind, um den gewünschten Schallschutz sicherzustellen.

Es bleibt Ihnen als Bauherr zwar freigestellt, welche Anforderungen Sie diesbezüglich an ihre Wohnung oder ihr Haus stellen, doch ist der Architekt verpflichtet, ein mängelfreies Bauwerk zu erstellen, und dazu gehört ein dem Stand der Technik entsprechender Schallschutz. Das ist vor allem dann von Bedeutung, wenn das Haus oder die Wohnung an andere Häuser oder Wohnungen angrenzt.

Halten Sie schriftlich fest, welcher Schallschutz vereinbart wurde.

schaft für Akustik, die ergänzend zu den Anforderungen der DIN 4109 insgesamt sieben Schallschutzklassen zur Bewertung des Schallschutzes von Wohnräumen definiert und Festlegungen für einen Schallschutzausweis trifft. Die hier empfohlenen Werte der Schallschutzklasse B für einen guten Schallschutz sind aus der Tabelle ersichtlich.

Es gibt noch eine andere Geräuschquelle, die besondere Maßnahmen erfordert: die Installationen.

Bauteil	erhöhte Anforderungen nach DIN 4109		Anforderungen nach DEGA L103 für Klasse B **	
	Luftschall R'w	Trittschall L'n,w	Luftschall R'w	Trittschall L'n,w
Geschosshäuser mit Wohnungen				
Geschossdecken und Treppen zwischen Wohnungen, zu fremden Räumen und nach außen	≥ 55 dB	≤ 46 dB *	≥ 62 dB	≤ 40 dB
Wände zwischen Wohnungen, zu Treppenräumen, Hausfluren und neben Durchfahrten	≥ 55 dB	–	≥ 62 dB	–
Wohnungseingangstüren – in Flure oder Dielen – direkt in Aufenthaltsräume	 ≥ 37 dB –	 – –	 ≥ 37 dB ≥ 45 dB	 – –
Gebäude mit zwei Wohnungen – Die Norm stellt geringere Anforderungen, zu empfehlen sind aber die Mindestwerte wie bei Geschosshäusern				
Innerhalb von Wohnungen				
Treppen und Treppenpodeste	–	≤ 53 dB *	–	≤ 46 dB *
Geschossdecken	≥ 55 dB	≤ 46 dB *	≥ 53 dB	≤ 46 dB *
Wände zwischen lauten und leisen Räumen	≥ 47 dB	–	≥ 47 dB	
Einfamilien-Reihen- und -Doppelhäuser				
Geschossdecken	–	≤ 38 dB *		
Treppen und Treppenpodeste	–	≤ 46 dB *		
Haus-, Wohnungstrennwände	≥ 67 dB	–		

Tabelle: Anforderungen an den baulichen Schallschutz

Erläuterung: R'w und L'n,w sind Kenngrößen für die Schalldämmung. Je größer R'w und je kleiner L'n,w desto besser.

** Die Norm gestattet die Anrechnung weich federnder Beläge (z.B. Teppichböden). Das ist nicht zu empfehlen, da die Verwendung solcher Beläge langfristig nicht gesichert werden kann.*

*** Schallschutzklasse B – guter Schallschutz für ungestörtes Wohnen ohne große nachbarschaftliche Rücksichtnahme möglich*

52 Wohnungslift

Mit dem Einbau von Aufzügen wird der Wert von Häusern und Wohnungen beträchtlich erhöht. Für viele Miet- oder Kaufinteressenten kommt eine Wohnung im dritten oder vierten Geschoss ohne Aufzug schlicht nicht infrage. Doch das Thema betrifft nicht nur Geschosswohnungen, der Einbau von Aufzügen ist auch bei Bau und Umbau von Eigenheimen von Interesse. Das beweist die zunehmende Anzahl nachträglicher Einbauten in solche Gebäude, oft sichtbar als angebaute Aufzugtürme – selten eine ästhetische Bereicherung. Dahinter steht der Wunsch der Bewohner, ihr Haus auch bei eingeschränkter Beweglichkeit im Alter oder im Krankheitsfall bewohnen zu können. Denn Treppen sind hier das größte Hindernis.

Wenn es diesen Wunsch aber verbreitet gibt, dann wäre es doch klug, daran schon beim Bau des Hauses zu denken. Zumal die Aufzugshersteller darauf reagiert und spezielle Produkte für diese Anwendungen entwickelt haben.

Mit äußerst knappen Schacht- und Kabinenmaßen wird auf das Hauptproblem des nachträglichen Einbaus (→ 53), die beengten Verhältnisse, eingegangen. Dies ermöglicht die moderne Aufzugtechnik, mit der viele der Schwierigkeiten entschärft oder ganz beseitigt wurden, die der Einbau eines früher üblichen Standardaufzugs mit sich brachte: Ein Maschinenraum ist dank neuer Antriebstechniken nicht erforderlich; der Antrieb kann auf oder seitlich an der Kabine untergebracht werden oder im Gegengewicht sitzen.

Der Schachtkopf kommt mit normalen Geschosshöhen aus, sodass ein darüber liegendes Geschoss (z. B. Dachgeschoss) nicht beeinträchtigt wird. Die Unterfahrt (technisch erforderlicher Bereich unter dem Aufzug) ist auf wenige Zentimeter geschrumpft. Als tragendes Element genügt eine Schachtwand, ersatzweise wird ein Schachtgerüst verwendet.

Die Aufzüge werden auf der Baustelle montiert oder komplett vorgefertigt per Kran in oder an das entsprechend vorbereitete Gebäude versetzt.

52.1: Wird ein Aufzug bereits beim Neubau eingeplant, brauchen keine Kompromisse eingegangen zu werden. Für eine enge Verbindung zwischen den Geschossen ist die Lage direkt am Wohnbereich gut gewählt. (Quelle: Cibes Lift AB)

52.3: Die Schnittzeichnung veranschaulicht, wie die Architekten die Höhenentwicklung des Hanges für ihren Entwurf ausgenutzt haben. Die Entscheidung für den Aufzug ermöglichte diese elegante wie auch wirtschaftliche Lösung der Aufgabe. ▶

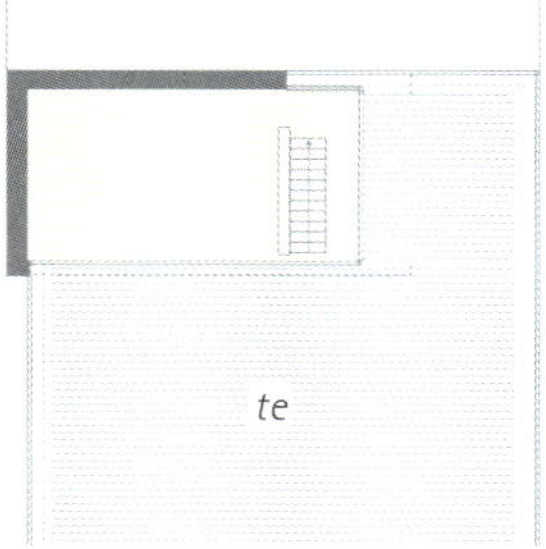

Dachgeschoss mit Dachterrasse

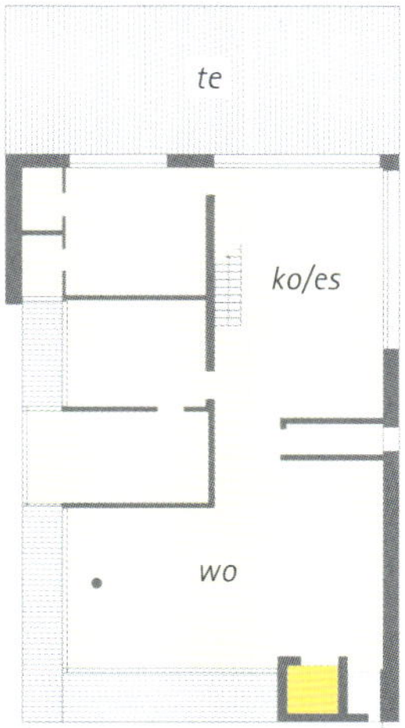

Wohngeschoss

52.2: Die Erschließung erfolgt über den Aufzug direkt in den Wohnraum. Dem hangseitigen Essplatz ist eine Terrasse vorgelagert, die an das Gelände anschließt. Die Treppe (Seite 171) führt in das zweiseitig verglaste Dachhaus mit Austritt auf die Dachterrasse.

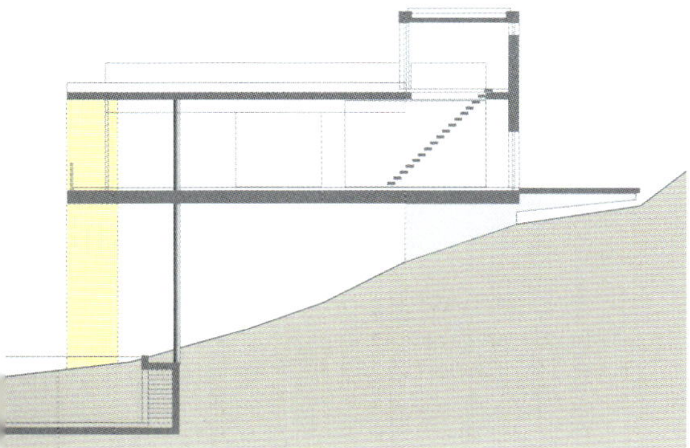

52.4: Das eingeschossige Gebäude scheint über dem steilen Grundstück zu schweben. Ein als Naturdenkmal geschützter Mammutbaum gab die architektonische Lösung vor: Eine vollflächige Bebauung des Geländes war ausgeschlossen, der Wurzelbereich durfte nur minimal beeinträchtigt werden und die Bewässerung musste auf Dauer gesichert sein. Alle tragenden Teile sind in Ortbeton ausgeführt und im Innenraum sichtbar belassen. Die Fassade ist mit hydrophobierten Betonfertigteilen bekleidet. (Büro STOLL für Architektur und Design, als: W67 Architekten Schulz + Stoll)

52.5: Von der etwas angehobenen Zugangsebene aus gelangt man in den Aufzug. Wer es sportlicher mag, nimmt die Treppe und den steilen Weg nach oben.

53 Nachträglicher Einbau eines Aufzugs

Zwar werben viele Aufzughersteller damit, dass der nachträgliche Einbau eines Aufzugs problemlos vonstattengehen wird. Das stimmt allerdings nur, wenn der Platz für den Ein- oder Anbau des Aufzugs gefunden ist. Und das ist – vor allem bei kleineren Häusern – nicht so leicht. Erste Wahl ist fast immer der Einbau. Dabei bleibt das Haus äußerlich unverändert, ebenso der Zugang zum Haus. Das ist zu wünschen, da es kaum Beispiele gibt, bei denen ein nachträglicher Anbau den Anblick verschönt.

Für den Einbau eines Aufzugs muss eine vom Eingang aus gut zugängliche Stelle gefunden werden, die in jedem anzufahrenden Geschoss den nötigen Platz für den Aufzug und dessen Zugänglichkeit bietet, ohne dass dies einen nennenswerten Umbau erfordert.

Wer heute baut, sollte deshalb den späteren Einbau eines Aufzug einplanen. Es genügt, den Platz dafür vorzusehen und die für den Einbau notwendigen Öffnungen im Dach und in den Geschossdecken vorzurichten, so dass beim Einbau keine Deckenöffnungen gesägt werden müssen. Wer noch mehr dafür tun will, kann einen Schachtraum vorhalten, der in jedem Geschoss z. B. als Abstellraum genutzt werden kann.

Doch auch dann, wenn diese Vorkehrungen nicht getroffen wurden, ist der spätere Einbau in vielen Fällen möglich. Für beengte Situationen gibt es spezielle Angebote wie z.B. sogenannte Kabinenaufzüge, die den Bereich unter- und oberhalb der Kabine begehbar lassen, wenn sich die Kabine im anderen Geschoss befindet.

Es werden heute Aufzüge mit äußerst geringen Kabinen- und Schachtmaßen angeboten. Darauf einzugehen, mag – wenn der Platz

53.1: Wenig auffälliger Anbau eines Aufzugs unmittelbar neben dem Hauseingang; damit bleibt der Zugang zum Haus unverändert. (Domizil) ▸

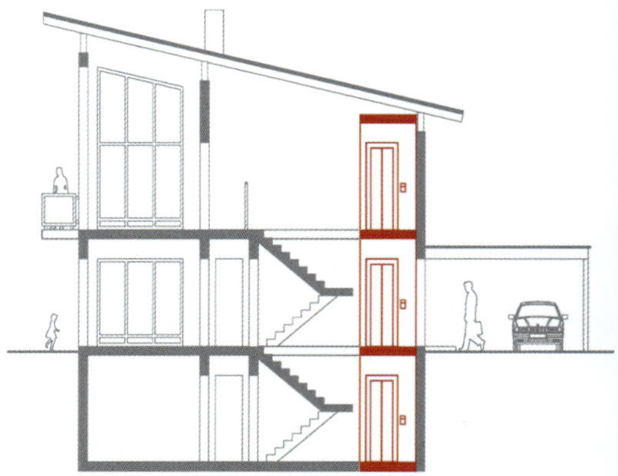

53.2: Moderne Aufzugsysteme für Eigenheime brauchen weder einen hohen Schachtkopf noch eine Unterfahrt (technisch erforderlicher Raum unter dem untersten Geschoss). (Hiro) ▸▸

sehr knapp ist – verlockend sein. Doch sollten sich die Mindestmaße nicht aus den Gegebenheiten, sondern aus dem Zweck des Aufzugs ergeben. Der wird nötig, weil das Treppensteigen zu beschwerlich oder unmöglich geworden ist. Ein Aufzug muss deshalb in jedem Fall ausreichend Platz für den Benutzer eines elektrischen Rollstuhls bieten. Das erfordert nach Norm eine Mindesttiefe von 1,25 Metern und eine Mindestbreite von einem Meter. Allerdings werden elektrische Rollstühle für zuhause in Breiten bis 0,72 Meter bei einer Länge von 1,02 Meter angeboten. Wenn es sein muss, können deshalb die Normmaße etwas unterschritten werden.

Die Kosten solcher Kleinaufzüge (auch als Homelift bezeichnet) liegen deutlich unter den Kosten der für Mehrfamilienhäuser erforderlichen Anlagen. Unter günstigen Bedingungen ist beispielsweise ein Plattformaufzug über zwei Geschosse schon ab 15.000 Euro zu bekommen. Sind größere Umbaumaßnahmen nötig, erhöhen sich die Kosten aber schnell um ein Mehrfaches.

53.3: Für den nachträglichen Einbau eines Aufzugs wurde der notwendige Schachtraum – für die Statik vorteilhaft – im Bereich der Raumecke hergestellt. (Riedl Aufzüge)

Mit diesen Kosten müssen Sie rechnen

- Hebebühne mit Förderhöhe bis 1 Meter etwa 6.000 bis 7.000 Euro, zuzüglich Montagekosten von ca. 1.000 Euro.
- Hebebühne mit Förderhöhe bis 3 Meter etwa 12.000 Euro, zuzüglich Montagekosten von ca. 3.000 Euro.
- Personenaufzug an Mehrfamilienhaus mit Förderhöhe von ca. 15 Metern und 7 Haltepunkten je nach Größe und Ausstattung ab ca. 60.000 Euro
- Personenaufzug an Eigenheim mit zwei Haltepunkten etwa 20.000 Euro zuzüglich Montagekosten von ca. 3.000 Euro.

53.4: Voll verglaster Schachtkopf eines nachträglich eingebauten Aufzugs im obersten Geschoss. (Domizil)

54 Mechanische Sicherung von Türen

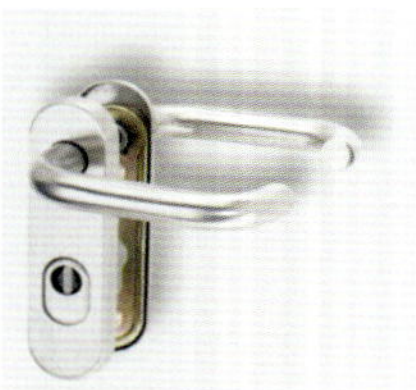

54.1: Schutzbeschlag mit Kernziehschutz. (habefa)

Einbrüche sind an der Tagesordnung. Gefährdet sind alle Bereiche, über die Einbrecher schnell ins Haus gelangen können. Und da es auch Einbrecher gern bequem haben, bevorzugen sie den Zugang über die Haus- bzw. Wohnungstüren. Auch Nebeneingänge und Kelleraußentüren werden gern benützt, vor allem dann, wenn sie dem Einblick der Nachbarn entzogen sind.

Alarmeinrichtungen verhindern Einbrüche nur, wenn sie wirksam abschrecken. Doch das ist alles andere als sicher. Deshalb ist die mechanische Sicherung die erste und zumeist wirksamste Maßnahme. Es gilt die Regel »Mechanik vor Elektronik«.

Nach der DIN-Norm EN 1627 werden Fenster und Türen in sieben Resistance Classes (RC), vormals Widerstandsklassen (WK), unterteilt. Bei nach dieser Norm geprüften Türen sind alle Komponenten sicherheitstechnisch aufeinander abgestimmt.

Nach Empfehlungen der Polizei sowie der Versicherungen gelten RC-2-Türen als ausreichender Schutz im privaten Bereich. Nur unter besonderen Umständen und erhöhtem Sicherheitsbedürfnis werden RC-3-Türen gewählt.

Türen ohne RC-Klassifikation können eingebaut werden, wenn sie folgende Merkmale aufweisen:

- Zylinderschlösser (Einsteckschlösser) als Mehrfachverriegelungen nach DIN 18251 ab der Klasse 3 oder als Einfachverriegelungen nach DIN 18251 in den Klassen 4 und 5 – jeweils mit Hakenschwenkriegeln,
- Profilzylinder nach DIN 18252 in der Zylinderklasse 1 und in der Zylinderklasse 2 mit Bohrschutz (BS),
- Schutzbeschlag nach DIN 18257 in der Widerstandsklasse ES 1, 2 oder 3 mit Zylinderabdeckung (ZA) als Ziehschutz (Alternative: Profilzylinder mit Bohr- und Ziehschutz (BZ),
- Fallensperre, integrierte Türspaltsperre z. B. über ein Kastenriegelschloss und Türspion,
- mindestens vier Bändersicherungen über Hintergreifhaken.

Häufigste Methoden der Einbrecher

80 Prozent aller Einbrüche begehen Gelegenheitstäter. Diese benützen einfaches und leichtes Werkzeug. Nach der Einbruchstatistik (Häufigkeit in Klammern) werden folgende Methoden bevorzugt angewandt:

- **Aufhebeln,** häufigste Methode (80 %), funktioniert mit Schraubenzieher bei ungesicherten Fenstern und Türen – Schutz: mechanische Sicherheitstechnik.
- **Durchstechen der Glasdichtung,** um den Fenster- oder Türgriff zu öffnen, häufig angewendet – Schutz: abschließbare Griffe.
- **Profilzylinder abbrechen** und herausziehen – Schutz: innenverschraubte Schutzbeschläge.
- **Glasdurchgriff** (5 %) durch Einschlagen eines kleinen Stücks der Scheibe – Schutz: abschließbare Griffe, einbruchhemmende Verglasung.
- **Flippermethode,** das bekannte Durchziehen einer Kreditkarte, funktioniert bei nur zugezogenen Türen – Schutz: Abschließen.

Mechanische Sicherung von Fenstern 55

Neben den Türen sind Keller- und Erdgeschossfenster sowie Terrassen- und Balkontüren einbruchgefährdet; besonders dann, wenn diese durch Lage oder Vegetation vor fremdem Einblick geschützt sind und Einbrechern gute Arbeitsbedingungen bieten. Erfahrungsgemäß, so die Polizei, werden bei Einfamilienhäusern zwei Drittel aller Taten von der Hausrückseite her begangen.

Wie auch Türen werden Fenster und Fenstertüren nach der DIN-Norm EN 1627 in sieben Resistance Classes eingeteilt (→ 54). Bei nach dieser Norm geprüften Fenstern und Fenstertüren sind Rahmen, Glas und Griff sicherheitstechnisch sinnvoll aufeinander abgestimmt. Schon RC 2 bietet in der Regel einen guten Schutz vor Gelegenheitstätern. Diese Fenster sind mit Pilzkopfzapfen-Beschlägen, einbruchhemmender Verglasung (P4A-Glas) und einem abschließbaren Fenstergriff ausgestattet.

Eine Art Sparversion sind RC-2-N-Fenster. Sie werden mit Standardglas gefertigt, weisen aber alle sonstigen Merkmale von RC-2-Fenstern auf. Für schwer erreichbare Fenster in oberen Geschossen genügen zumeist RC-1-Fenster.

Geht es um den Schutz größerer Werte, kann es sich empfehlen, auch im Privatbereich Fenster und Türen der Klasse RC 3 einzubauen. Fenster dieser Klasse besitzen mit einer P5A-Verglasung einen noch höheren Widerstandswert.

Rollläden können ab Klasse RC 2 Fenster oder Fenstertüren zusätzlich sichern. Bei solchen Rollläden sind Rollpanzer, Führungsschienen und Hochschiebesicherung auf ihre Widerstandsfähigkeit geprüft. Am wirksamsten schützen sie innenseitig montiert, doch wird das nur selten mit den Wohnvorstellungen der Bauherrn zusammenpassen. Rollläden sollten über eine Zeitschaltung, ggf. über ein Bus-System (→ 59) zu steuern sein.

Fenstergriffe können leicht nachträglich gegen abschließbare Griffe ausgetauscht werden. Auch die Verriegelung kann bei vorhandenen Fenstern verbessert werden.

55.1: Abschließbare Fenstergriffe zur Sicherung gegen Einbruch. Der Schlüssel darf aber nicht stecken. Diese Griffe sind auch erforderlich, wenn verhindert werden muss, das Kinder das Fenster öffnen. (© Thombach / Fotalia.com)

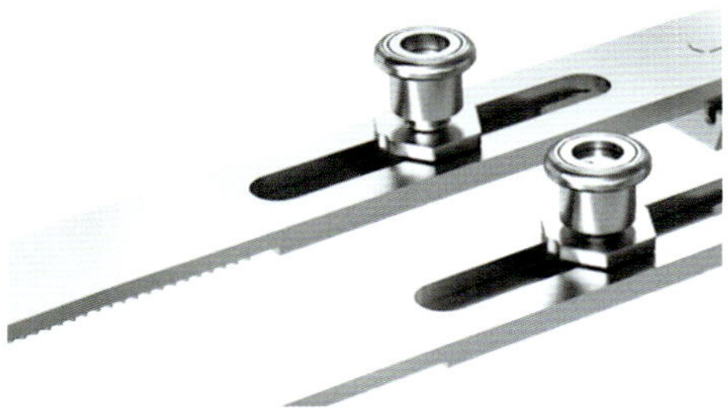

55.2: Kantengetriebe mit Pilzkopfzapfen für Fenster, die man nicht aufhebeln kann.

56 Alarmanlage

Eine Alarmanlage, unter Fachleuten Einbruchmeldeanlage (EMA) genannt, ist eine Ergänzung der mechanischen Sicherheitsmaßnahmen, ersetzt diese aber keineswegs. Denn anders als die mechanische Sicherung kann die Alarmanlage allenfalls durch optische oder akustische Abschreckung Einbrüche verhindern. Hauptsächlich dient die Anlage aber dazu, einen Wach- oder Sicherheitsdienst zu benachrichtigen, wenn jemand versucht, ins Haus einzudringen oder wenn das gelungen ist. Die dann gerufene Polizei wird dann umgehend nach dem Rechten sehen, vorausgesetzt, es ist gerade eine Streife abkömmlich. Da aber auch die Einbrecher darüber im Ungewissen sind, werden sie möglicherweise ihren Besuch abkürzen oder abbrechen.

Alarmanlagen für das Eigenheim werden in der Regel so ausgelegt, dass jeder Versuch, ins Gebäude zu gelangen, gemeldet wird (sogenannte Außenhautüberwachung). Dafür werden alle von außen zugänglichen oder erreichbaren Fenster und Türen mit Sensoren ausgestattet, die das Öffnen und, als Option, Glasbruch registrieren. Die Impulse werden durch Bus-Leitungen (→ 59) oder ein Funknetz übertragen. Die Funk-Alarmanlage ist vor allem für den nachträgliche Einbau interessant. Die kabelgebundene Variante ist für den Neubau oder bei umfangreicher Renovierung zu empfehlen.

Kabelgebundene Anlagen haben mehrere Vorteile: Sie sind unanfällig gegen Störungen und preisgünstiger als Funkanlagen bei geringerem Wartungsaufwand (kein Batteriewechsel). Es gibt eine größere Auswahl an Komponenten, keine Beschränkung hinsichtlich der Melder, und die Anlagen bieten vielfältige zusätzliche Steuerungsmöglichkeiten (Licht, Rollläden, Videoüberwachung etc.).

Wenn eine Alarmanlage nicht nur abschrecken soll, ist eine Aufschaltung zu einem Sicherheitsdienst unverzichtbar. Damit sind laufende Kosten verbunden, die von Anbieter zu Anbieter sehr unterschiedlich sein können. Die Aufschaltung muss bestimmte technische Standards erfüllen. Es ist deshalb zu klären, welche Aufschaltmöglichkeiten die in Frage kommenden Anlagen bieten.

Die Planung und Einrichtung einer Alarmanlage ist Sache von Fachleuten. Eingehende Beratung und der Vergleich unterschiedlicher Systeme ist unerlässlich.

56.1: Die Alarmanlage kann mit einer Notruffunktion ausgestattet werden, mit der Hilfe geholt werden kann, wenn es einen häuslichen Unfall gibt. (Abus Security-Center)

Schutzgitter 57

Im Erdgeschoss vergitterte Fenster kennen wir von historischen Gebäuden, auch von Wohnhäusern der 20er- und 30er-Jahre. Mag sein, dass sie manchen an Gefängnis denken lassen, doch sollen sie ja wohl mehr aus- als einsperren.

Fenstergitter stammen aus einer Zeit, in der es keine Alarmanlage, keinen Bewegungsmelder und keine Überwachungskamera gab. Aber es gab wie heute die berechtigte Sorge vor Einbrüchen. Und davor schützen Fenstergitter eben ganz ohne Sicherheitstechnik. Außer Haus zu sein, ohne darüber nachdenken zu müssen, ob man das Küchenfenster geschlossen hat, oder ein Fenster zum Lüften offen zu lassen, ohne dass damit jemand zum Einsteigen animiert wird, das ist komfortabel.

57.1: Fenstergitter schützen seit eh und je vor ungebetenen Gästen. Es gab sie schon, bevor es Fenster gab. (gah-alberts)

Welche Gitter?

Für den privaten Bereich rät die Polizei normalerweise zu RC 2-Gittern (zu RC → 54), bei höherem Risiko (z. B. bei hochwertigem Hausrat) auch zu RC 3-Gittern.

Werden ungeprüfte Gitter (keine RC-Klasse) verwendet, ist darauf zu achten, dass die Gitter folgende Anforderungen erfüllen:

- mindestens 18 mm dicke Gitterstäbe,
- Abstand der Gitterstäbe maximal 12 cm,
- Berührungspunkte der Gitterstäbe müssen verschweißt sein,
- massive Befestigung im Baukörper mit auf den Wandaufbau abgestimmten, nicht demontierbaren Befestigungsmitteln und
- mehr als 4 Befestigungspunkte.

Sicherheit bieten Fenstergitter aber nur dann, wenn sie ausreichend stabil gebaut und so in der Wand befestigt sind, dass sie mit üblichen Werkzeugen nicht so leicht zu demontieren oder zu zerstören sind. Nach Erfahrung der Kriminalpolizei lassen Einbrecher von ihrem Vorhaben ab, wenn es binnen zwei bis fünf Minuten nicht gelingt, eine Türe oder ein Fenster zu öffnen.

Fenstergitter sind allerdings schwer mit den großflächigen Verglasungen unserer Häuser vereinbar. Da müssen andere Sicherheitstechniken eingesetzt werden. Aber es gibt viele andere Fenster, bei denen Gitter der beste Schutz gegen Einbruch sind. Denken Sie hier an Kellerfenster, die zur Belüftung geöffnet sein sollen, an Fenster von Souterrain-Wohnungen oder kleine Fenster von Nebenräumen, die häufig in Kippstellung geöffnet bleiben. Sind hier Gitter eingebaut, brauchen die Fenster keine Sicherheitsanforderungen zu erfüllen.

Außentüren zu Keller- und Nebenräumen können mit Scherengittern erheblich sicherer gemacht werden.

57.2: Fenstergitter sind auch heute noch ein bewährtes Mittel gegen Einbruch. (Beck)

58 Rauchwarnmelder

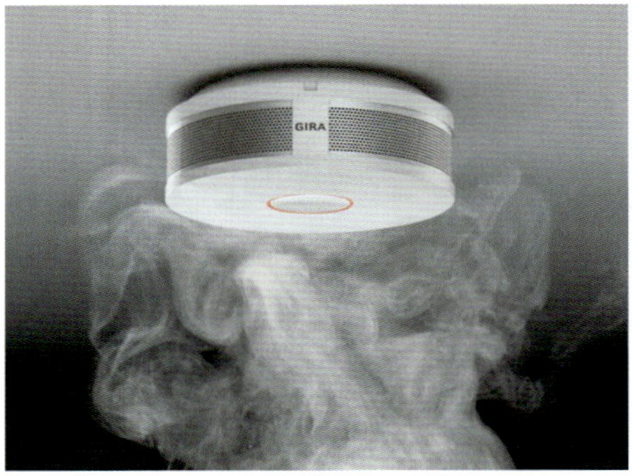

58.1: Mit einem Thermosensor ausgestattet kann dieser Rauchwarnmelder auch in Küchen und Bädern eingesetzt werden. (Gira Rauchwarnmelder Dual, Foto: Gira)

Wohnungsbrände sind offensichtlich unvermeidlich, und immer wieder kommen dabei Menschen ums Leben. Die größte Gefahr geht bei Bränden von den Rauchgasen aus, die mit dem Brand entstehen und – wenn sie nicht bemerkt werden – in kurzer Zeit Bewußtlosigkeit verursachen und so die Selbstrettung der Betroffenen verhindern.

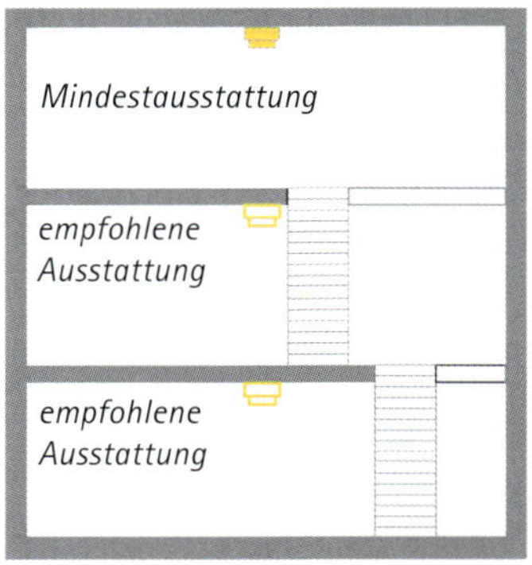

58.2: Montage von Rauchmeldern in über mehrere Ebenen offenen Räumen

Rauchwarnmelder können dies sehr wirksam verhindern. Sie retten Leben. Und sie kosten nicht viel. Es gibt deshalb keinen Grund, auf diesen Schutz zu verzichten. Deshalb ist der Einbau von Rauchwarnmeldern in weitaus den meisten Bundesländern gesetzlich vorgeschrieben. Sie haben diesbezüglich keine Wahl. Wenn wir dennoch an dieser Stelle den Einbau von Rauchwarnmeldern behandeln, dann deshalb, weil Sie als Eigentümer dafür verantwortlich sind, dass die Geräte immer funktionsfähig sind und die dazu erforderlichen Kontrollen und Wartungen wie vorgeschrieben durchgeführt werden. Sie sollten also über den korrekten Einbau der Geräte und deren Betrieb informiert sein.

Unabhängig von den jeweiligen Vorschriften der (dafür zuständigen) Länder können Sie sich an folgenden Regeln orientieren:

- Der Einbau ist gefordert bei Wohnungen gleich welcher Art und in Räumen mit wohnähnlicher Nutzung (z. B. einem Arbeitsraum mit einem Sofa, auf dem ein Mittagsschlaf gehalten wird).
- Alle Aufenthaltsräume, Dielen und Flure sind mit einem Raumwarnmelder auszustatten.

Für die Montage der Geräte gelten die in Abb. 58.2 bis 58.4 veranschaulichten Regeln.

In der einfachsten und in der Regel ausreichenden Art der Montage sind die Geräte voneinander unabhängig. Werden die etwas teureren Funkrauchmelder eingebaut, ist es auch möglich, mehrere Geräte so miteinander zu verbinden, dass bei Auslösung eines Melders alle verbundenen Melder ebenfalls Alarm geben. So kann unter Umständen verhindert werden, dass der Alarm in einem entfernt liegenden Raum überhört wird.

Leben in einer Wohnung Menschen mit beeinträchtigtem Hörvermögen, sind Rauchwarnmelder mit optischen Signalen (Stroboskopblitze) und Vibrationskissen einzubauen. Diese Vibrationskissen können auch anderweitig, z. B. in Verbindung mit einer Weckuhr, genutzt werden.

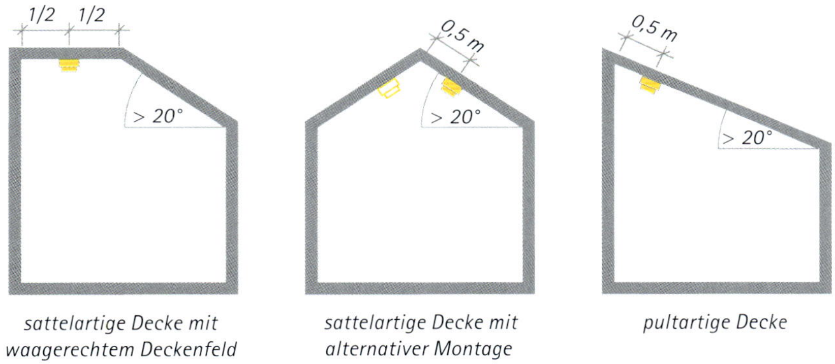

58.3: Montage von Rauchwarnmeldern bei Decken mit Neigung > 20° (bei Neigung ≤ 20° Montage wie bei waagerechter Decke)

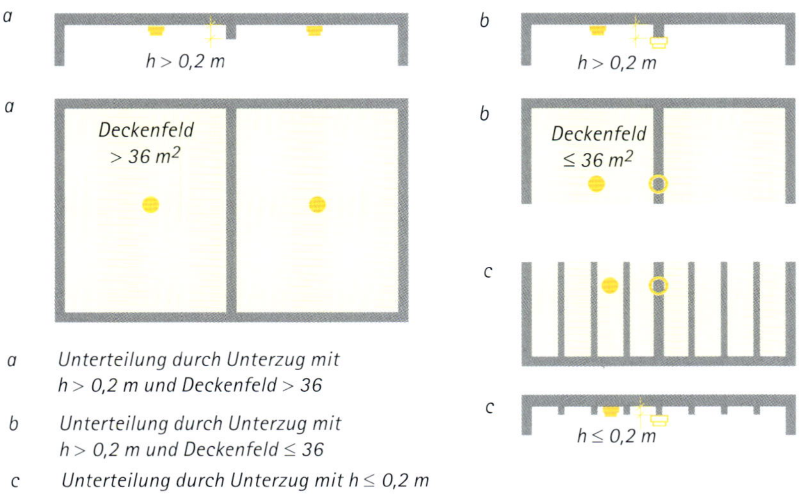

58.4: Montage von Rauchwarnmeldern bei Unterzügen oder bis zur Decke reichenden Balken

59 BUS-Gebäudesystemtechnik

Wer sich mit Bauen beschäftigt, stößt immer wieder auf den Begriff »intelligentes Haus«. Damit werden Häuser bezeichnet, in denen technische Systeme automatisiert sind. Die Steuerung erfolgt in Abhängigkeit vom Verhalten der Bewohner, z. B. durch das Betreten eines Raumes oder durch das Schließen einer Türe, und von äußeren Einflüssen wie Außentemperatur, Wind, Sonneneinstrahlung. Die Automatisierung der technischen Gebäudeausstattung kann verschiedenen Zwecken dienen:

- der besseren Ausnutzung von Energie,
- der Verbesserung des Raumklimas,
- der Erhöhung der Sicherheit oder
- einem Zugewinn an Bequemlichkeit und Komfort.

59.1: Bedienelement zur Steuerung der Umgebungsbedingungen eines Raumes. (Foto: Gira)

Derartige Steuerungen werden schon lange eingesetzt, so z. B. die von der Temperatur der Außenluft abhängige Regelung der Heizkessel oder das Einfahren von Jalousien, ausgelöst durch sogenannte Windwächter. Die Steuerungsmöglichkeiten im »intelligenten Haus« gehen jedoch weit über diese Funktionen hinaus. Hier einige Beispiele:

- Beim Verschließen der Haustüre werden sämtliche Außentüren, die Fenster und Rollläden geschlossen, alle Leuchten abgeschaltet und die Heizung heruntergefahren.
- Beginnt es zu regnen, werden Dachfenster geschlossen und Markisen eingefahren.
- Gelangt Sonnenschein in den Raum, werden Jalousien und Markisen ausgefahren, die Beleuchtung wird der Helligkeit angepasst.
- Über ein Kontrollpanel können Sie vor dem Schlafengehen feststellen, welche Fenster noch geöffnet sind und wo noch Licht brennt.

Solche Steuerungen sind mit konventioneller Elektroinstallation nicht zu machen. Man bräuchte Unmengen zusätzlicher Leitungen und komplizierte und aufwendige Schaltungen. Ermöglicht wird dieser Fortschritt durch die BUS-Technik. Als BUS (Binary Unit System) wird ein System bezeichnet, bei dem die Datenübertragung mehrerer Teilnehmer einen gemeinsamen Übertragungsweg benutzt. Der Übertragungsweg, die BUS-Leitung, besteht aus einem dünnen, zweiadrigem Kabel, das leicht und mit geringem Platzbedarf zu verlegen ist. Die BUS-Leitung dient nur der Übertragung der programmierten Steuerbefehle. Die BUS-Leitung ist mit Sensoren und Aktoren verbunden. Die Sensoren sind Befehlsgeber, die Aktoren führen die Befehle aus. Die Stromversorgung der installierten Geräte erfolgt, geregelt durch die Aktoren, über konventionelle Elektroinstallation.

BUS-Systeme bieten eine ganze Reihe von Vorteilen:

- Höchste Flexibilität: Sind Änderungen der Raumaufteilung erforderlich oder erwünscht, muss nicht neu installiert, sondern nur umprogrammiert werden.

- Erweiterungsmöglichkeit: Ist die Grundinstallation (Busleitung) vorhanden, kann das System nahezu beliebig erweitert werden.
- Die Informationen eines Sensors können gleichzeitig an beliebig vielen Stellen genutzt werden (z.B. Betätigung aller Jalousien, gleichzeitiges Ein- oder Ausschalten aller Lampen mit einem Signal etc.).
- Verringerung der Betriebskosten.
- Energieeinsparung.
- Bei Modernisierung der Elektroinstallation muss die Bausubstanz nicht – wie bei konventionellen Elektroinstallationen – tiefgreifend verändert werden.
- Steuerung von außen: Die Systeme im Gebäude können per Internet oder per Telefon von außen gesteuert werden.

Sicher, man kann auf viele dieser Funktionen und auf den damit verbundenen Komfort verzichten. Doch haben Sie sich bei Ihrem Auto nicht schon längst an die Annehmlichkeiten der dort verbauten BUS-Technik gewöhnt? Sie sorgt z. B. dafür, dass mit der Verriegelung der Türe auch alle anderen Türen schließen, das Licht ausgeht und die Seitenspiegel eingeklappt werden. Und möchten Sie das noch missen? Und einmal ehrlich: Was haben Sie für das Komfort-Paket bei Ihrem letzten Neuwagenkauf bezahlt? Eine Ihrem Baubudget entsprechend hohe Summe sollte da für den Komfort im Haus doch angemessen sein.

59.2: Control-Touch-Panel zur Kontrolle und Steuerung einer BUS-Anlage nach Europäischem Installationsbus-(EIB-)Standard (Gira).

60 Schaltbare Steckdosen

60.1: »Steplight« – Steckdose mit Orientierungslicht

60.2: Taster mit integriertem Orientierungslicht

Es sind oft nur kleine Dinge, mit denen man sich das Leben leichter machen kann. Das gilt besonders für die elektrischen Installationen, und so auch für die schaltbaren Steckdosen.

Steckdosen werden heute meist reichlich eingebaut. Und die meisten davon werden dann auch benötigt. Für Leuchten, Audio- und Videoanlagen, Fernseher und was nicht sonst noch alles. Viele dieser Geräte verbleiben auch ausgeschaltet im Standby-Betrieb und verbrauchen Strom. Und wer machte sich die Mühe, die Stecker zu ziehen, zumal die Steckdosen nur schwer zugänglich sind. Sind diese Steckdosen über einen Schalter zu betätigen, können alle angeschlossenen Geräte mit einem Taster vom Strom getrennt werden. Das ist praktisch und energiesparend.

Auch an anderer Stelle sind schaltbare Steckdosen nützlich. Deckenauslässe sind selten an der Stelle, an der man Sie nach der Möblierung eines Raumes benötigt. Warum also nicht gleich auf den Deckenauslass verzichten und statt dessen einige, jede für sich schaltbare Steckdosen an den Wänden unterhalb der Decke vorsehen? Hier können dann mehrere Leuchten einfach mit Stecker angeschlossen werden.

Eine weitere nützliche Kleinigkeit sind in Steckdosen integrierte Orientierungsleuchten in Fluren und Treppen, die den Weg weisen, wenn die normale Raumbeleuchtung nicht benutzt wird (60.1).

Die Suche nach dem Lichtschalter im Dunkeln kann vermieden werden, indem ein Schalterprogramm mit integriertem Orientierungslicht verwendet wird (60.2). Solche Schalter können bei Bedarf auch über einen Bewegungsmelder geschaltet werden. Braucht man das nicht mehr, wird wieder auf Taster umprogrammiert.

Beschwerlich kann es sein, Stecker aus Steckdosen zu ziehen. So vor allem bei Geräten, die nicht ständig angeschlossen sein sollen wie z. B. der Föhn im Bad. Bei sogenannten Servicesteckdosen lässt sich der Stecker mit einer leichten Drehbewegung aus der Steckdose lösen (60.3).

Und noch ein letzter Tipp: Es ist unverständlich, weshalb Steckdosen hauptsächlich in Bodennähe angeordnet werden. Wer sich im eigenen Haus bücken muss, um einen Staubsaugerstecker in die Steckdose einzustecken, ist selbst daran schuld. Achten Sie bei der Elektroplanung darauf, dass in jedem Raum mindestens eine Steckdose in Höhe der Lichtschalter angebracht wird (empfohlene Höhe ca. 70 cm über dem Fußboden). Am besten in Einheit mit dem Schalter.

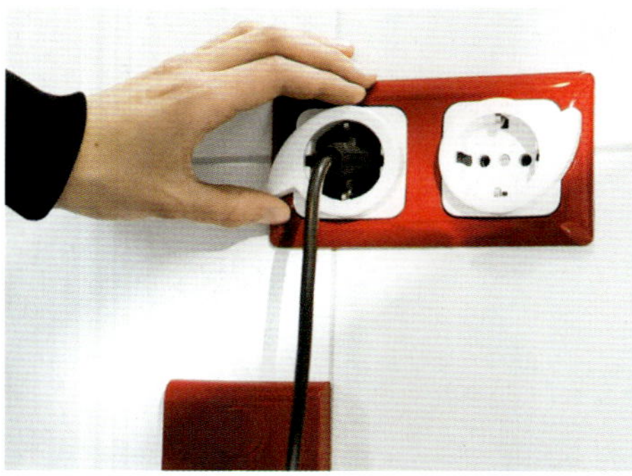

60.3: Servicesteckdosen zum spielend leichten Entnehmen des Steckers (alle Fotos dieser Seite: Busch-Jaeger)

Heizung und Klima

61 Optimale Platzierung der Heizung

Wohin mit der Heizungsanlage? Ist ein Keller geplant, dann liegt die Antwort nahe: Die Heizung kommt in den Keller, wo reichlich Platz ist, und zwar in einen dafür vorgesehenen Raum, den sogenannten Heizraum.

Dies kann die richtige Entscheidung sein, wenn es sich um eine Heizungsanlage handelt, die viel Platz benötigt, störende Geräusche oder Gerüche entwickelt oder alles zusammen. Das trifft z. B. für mit Holzpellets oder Heizöl betriebene Heizanlagen oder Anlagen der Kraft-Wärme-Kopplung (Blockheizwerke) zu.

Bei Heizanlagen, die geräuscharm und geruchlos arbeiten und wenig Platz brauchen wie z. B. Gaskessel oder Wärmepumpen, gibt es bessere Standorte. Heizungsanlagen geben, auch wenn sie noch so gut gedämmt sind,

61.2: Während sich das Haus nach Südosten und ins Tal öffnet (→ 40.2), gibt es sich zur kalten Seite verschlossen und verkriecht sich in den Hang.

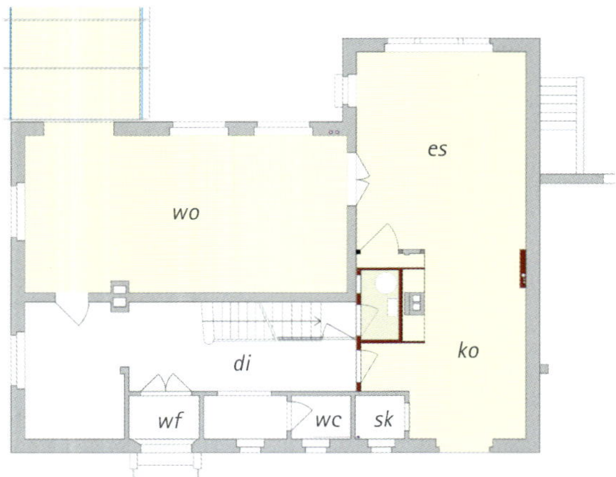

61.1: Beim Umbau des Hauses wurde auch eine neue Heizung fällig. Zuerst sollte diese in den großen, unbeheizten Keller. Doch dann fand man einen besseren Platz mitten in der Wohnung, nahe an den Bädern (im Obergeschoss) und der Küche.

Wärme ab; geschieht das in einem Raum, in dem diese Wärme gar nicht benötigt wird (wie eben im Keller), dann werden Verluste produziert, die vermeidbar sind, wenn sich die Heizung an einem Ort befindet, an dem die Abwärme willkommen ist.

Günstig ist eine Lage in unmittelbarer Nähe zum Bad. Kurze Warmwasserleitungen ersparen dann die Zirkulationsleitung, was ebenfalls die Wärmeverluste (Leitungsverluste) vermindert. Ein Beispiel für eine solche zentrale Anordnung der Heizungs- und Warmwasseranlage zeigen die Abb. 61. – 61.). Noch kürzer werden die Leitungen, wenn die Heizungsanlage direkt im Bad untergebracht wird. Das ist z. B. bei gasbetriebenen Brennwertthermen möglich. Bei den heute verbreiteten Möblierungen ist es einfach, die Anlage attraktiv einzubauen.

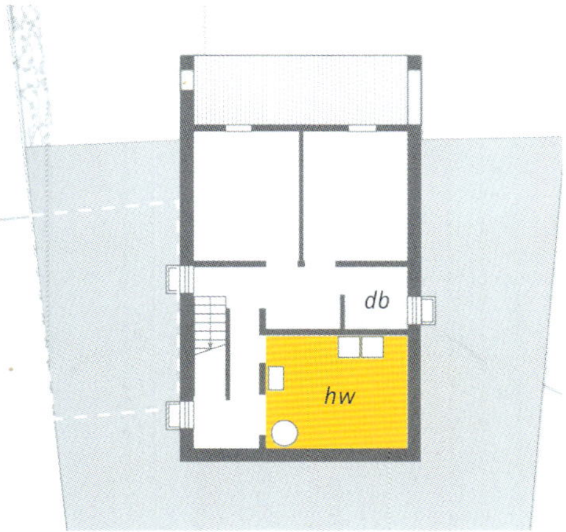

61.3: *Die Heizung befindet sich in einem Raum im beheizten Souterrain, zusammen mit Waschmaschine und Trockner.*

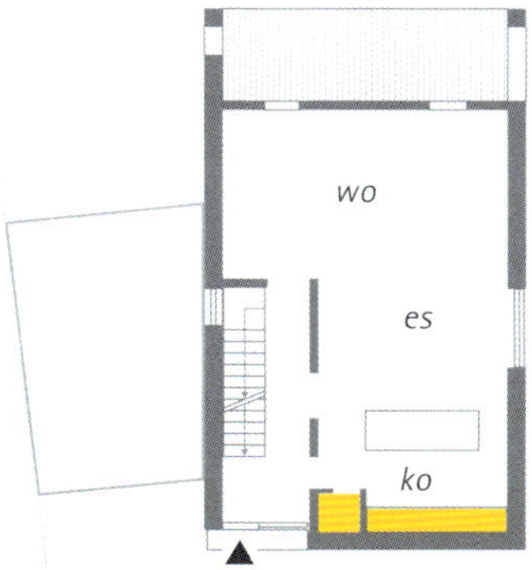

61.4: *Direkt über der Heizung liegt im Erdgeschoss die Küche. Dies bietet Vorteile für die Führung der Steigleitungen ins Obergeschoss.*

61.5: *Auch das Bad ist sehr günstig direkt über Küche und Heizung angeordnet. (Arch.: architectoo)*

Auch Hauswirtschafträume bieten sich als Standort für die Heizung an (→ 61.3 und 21). Die Abwärme kann hier die Beheizung des Raumes unterstützen oder gar ersetzen. Befindet sich dieser Raum unter dem Bad, so ergeben sich auch hier kurze Warmwasserleitungen. Selbst der Raum unter einer Treppe kann als Standort der Heizungsanlage genügen.

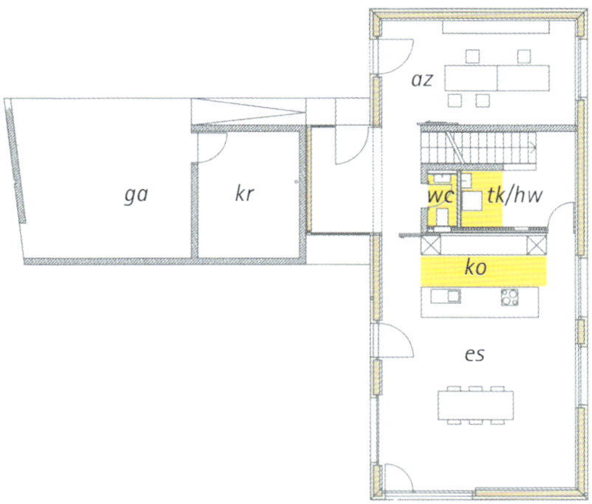

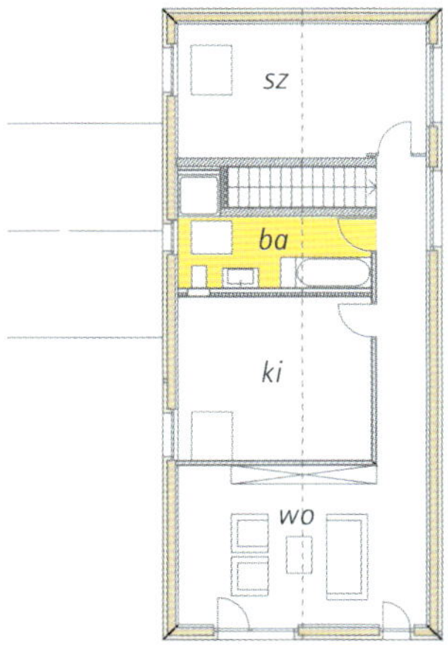

61.6: *Hier geht es um die Heizungsanlage im Haus der Abb. 14.3: Der Heiz- und Technikraum liegt zentral im massiven Kern des Erdgeschosses. Direkt anliegend das WC und die Küche.* ◂◂

61.7: *Direkt darüber befindet sich im Obergeschoss das Bad. (Arch.: Hochstrasser)* ◂

62 Flächenheizung

In der Zeit, in der man sich noch nicht groß Gedanken über den Energieverbrauch von Heizungen machte, wurden Heizkessel bis auf 95 °C geheizt; auch die Vorlauftemperaturen der Heizkörper erreichten diese Werte. Diese hohen Temperaturen verursachten große Wärmeverluste, weshalb moderne Heizungsanlagen darauf ausgelegt sind, mit möglichst geringen Vorlauftemperaturen auszukommen. In der Folge mussten die Heizflächen – bei gleichem Wärmebedarf – entsprechend größer werden. Da sich der Wärmebedarf unserer Häuser mit ständig steigenden Anforderungen an die Wärmedämmung ganz erheblich verringerte, sind heute bei nach der Energieeinsparverordnung gedämmten Neubauten auch bei Vorlauftemperaturen von 50 °C nur recht kleine Heizflächen erforderlich.

Die für Radiatoren üblichen Vorlauftemperaturen um 55 °C sind mit Wärmepumpenheizungen nicht wirtschaftlich zu erreichen. Wärmepumpen (→ 67) wandeln Energie niedriger Temperatur in Energie einer nutzbaren Temperatur um. Dazu wird elektrische Energie eingesetzt. Je höher die Temperatur der nutzbaren Energie, desto mehr Strom verbraucht die Anlage. Deshalb sollten Wärmepumpen nicht in Verbindung mit üblichen Heizkörpern, sondern mit großen Heizflächen betrieben werden. Hierfür sind Vorlauftemperaturen von 35 °C ausreichend, eine Wärmedämmung nach heute geltenden Vorschriften vorausgesetzt.

Flächenheizungen sind als Wand- oder Deckenheizung zu realisieren, am meisten verbreitet sind sie als Fußbodenheizungen. Gemeinsam ist diesen Heizflächen, dass eine Oberflächentemperatur von 24 bis 28 °C für eine behagliche Raumtemperatur ausreicht.

Alle Flächenheizungen geben die Wärme zu einem hohen Anteil (50 bis etwa 70 Prozent) als Strahlungswärme ab. Diese Art der Wärme kann von den umgebenden Bauteilen gespeichert werden. Auch erzeugt diese Wärme keine Luftzirkulation (Staubverwirbelung), wie sie durch die Konvektion verursacht wird.

Nach wie vor ist die Fußbodenheizung die weitaus am häufigsten gewählte Flächenheizung. Eine korrekt ausgelegte Fußbodenheizung ist eine vollwertige Heizung und erfordert keine zusätzliche Beheizung mit Heizkörpern. Bei der Wahl der Bodenbeläge gibt es kaum Beschränkungen. Zwar sind gut wärmeleitende Materialien wie Keramik, Stein oder beschichtete Zementestriche besonders geeignet, doch haben andere Böden wie Holz, Linoleum oder Kautschuk den Vorteil, auch bei abgeschalteter Heizung fußwarm zu bleiben.

Die Wandheizung ist im Prinzip dasselbe wie die Fußbodenheizung. Da hier keine Druckbelastung auftritt, ist der Aufbau allerding erheblich einfacher: Die wasserführenden Rohre werden auf Trägerplatten oder direkt auf der Wand im Wandputz verlegt. Die Rohre

Wandheizungen

Werden Außenwände als Wandheizungen ausgebildet, so bedingt die relativ hohe Temperatur dieser Heizwände deutlich höhere Wärmeverluste als bei vergleichbaren Außenwänden ohne Heizung. Es sollte deshalb die Dämmung dieser Wände erhöht werden.

müssen nur etwa 10 mm (je nach Putzart) Putzüberdeckung haben. Bei gleicher Heizwirkung braucht die Wandheizung etwas weniger Auslegungsfläche als die Fußbodenheizung. Die beheizten Wandflächen müssen von Möbeln frei bleiben, Befestigungen in der Wand sind nur eingeschränkt möglich.

Ein Vorteil der Wandheizung dürfte darin bestehen, dass die Behebung eines Schadens – frühzeitig erkannt – sich hier weniger aufwendig gestalten wird als bei einer Fußbodenheizung. Deutliche Kostenvorteile sind bei keiner der beiden Alternativen auszumachen, sind aber im konkreten Fall möglich.

Fußboden- und Wandheizungen werden auch als Trockenbausysteme angeboten. Diese sind vor allem für Holzbauweisen interessant, wenn Feuchteeinträge vermieden werden sollen.

Eine nicht notwendige, aber für zusätzliche Behaglichkeit sorgende Ergänzung ist ein Kaminofen (oder ein offener Kamin), der in der Übergangszeit vor und nach der Heizperiode die Fußbodenheizung ersetzen sowie während der Heizperiode zur Unterstützung der Heizungsanlage herangezogen werden kann (→ 63).

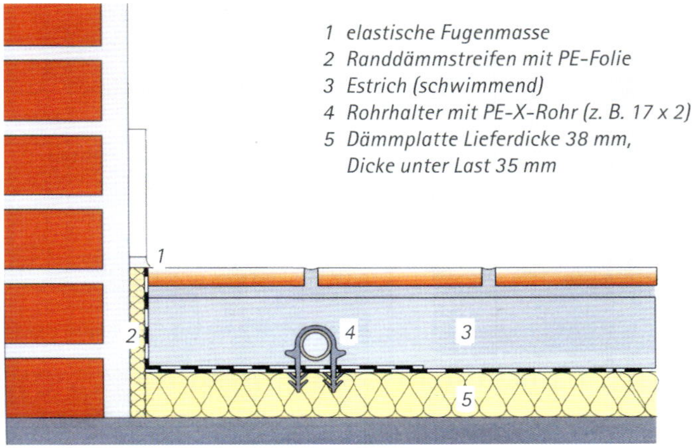

62.1: Schematischer Aufbau einer Fußbodenheizung in Nassverlegung. Hierbei werden die Rohrschlangen auf Trägermatten etc. direkt in den Estrich verlegt und mit Rohrschellen oder ähnlichen Befestigungsmaterialien fixiert.

62.2: Aufbau einer Wandheizung. Die Heizrohre sind auf grundierter Wand mit Klammern fixiert. Sie werden mit Überdeckung von 10 bis 12 mm überdeckt. Der Putz wird mit Glasfasergewebe bewehrt. Das Aufheizen muss nach Herstellervorschrift erfolgen. (Foto: Claytec)

63 Kamin und Kaminofen

Es ist ein bitterkalter Wintertag. Sie kommen durchfroren nach Hause und freuen sich darauf, sich am heißen Ofen wieder zu erwärmen. Doch wer hat den heute noch? Unsere Heizsysteme sind so ausgelegt, dass sie mit möglichst geringer Temperatur das Haus warmhalten. Fußbodenheizungen brauchen hierzu gerade mal 30 bis 35 °C, Heizkörper nicht mehr als 50 °C. Beides ist nicht vergleichbar mit der üppigen Wärme eines Holzfeuers im Ofen.

Früher waren der Herd oder der Kachelofen der Mittelpunkt des Hauses. Hier versammelte sich an kühlen und kalten Tagen die Familie, denn es waren nicht alle Räume des Hauses beheizt. Heute ist es im ganzen Haus warm, doch viele Bauherren wünschen sich den Ofen als Mittelpunkt des Zusammenseins zurück.

63.2: Hier wird mit Holz geheizt. Die Feuerstelle dazu ist auf Seite 111 abgebildet. Die Feuerstelle als Mittelpunkt des Hauses. So konsequent und überzeugend wird das heute selten realisiert.

63.1: Kamine sind als Raumteiler besonders geeignet. Aus der Verkleidung des Kamins und des Schornsteins sowie dem Lagerplatz für den Holzvorrat wird ein wandähnlicher Einbau, der auch als Regal oder als Vitrine dienen kann. Zudem ist so die Wärme des Kamins von zwei Seiten nutzbar. (Arch.: Volker Schwab)

Vor allem dann, wenn sie sich für eine Flächenheizung entschieden haben, wollen Sie ab und zu Wärme als Feuer sehen und spüren.

Deshalb werden offene Kamine und Kaminöfen mehr denn je eingebaut. Nicht zuletzt mit dem Argument, dass diese Feuerstellen es gestatten, in den Übergangszeiten zur Heizperiode die Heizungsanlage abzustellen und den Kamin oder Ofen anzuheizen, wenn es gerade erforderlich ist. Es sei dahingestellt, ob damit Energie gespart wird. Es geht ohnehin weniger darum, als um Wohlbefinden.

Die Industrie hat sich auf diesen Wunsch eingerichtet. Das Angebot ist groß und vielfältig. Es ist deshalb unerlässlich, sich frühzeitig bei der Planung des Hauses darüber klar zu werden, was erreicht werden soll und wie viel Geld man dafür ausgeben will.

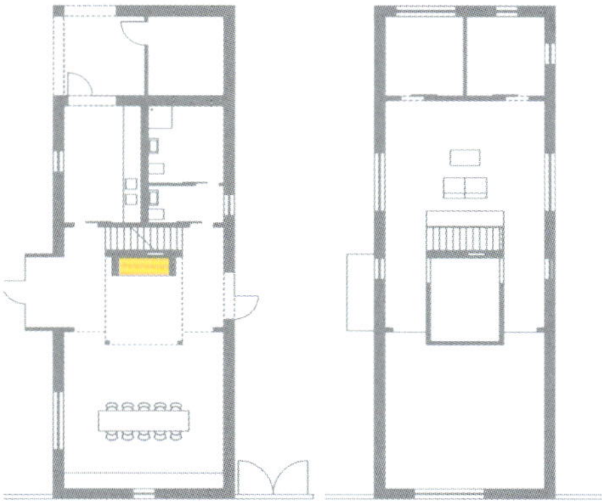

63.3: *Das Haus ist gleichsam um den großen offenen Kamin (Seite 111) herum gebaut. Die Feuerstelle als Mittelpunkt des Hauses. Über der Feuerstelle der Alkoven, die warme Schlafstelle, die verbreitet war, als der Kachelofen zum Haus gehörte. Der Schlafplatz ist in die über zwei Geschosse gehende und mit dem Dach abschließende Wohnhalle eingestellt. Verbunden sind die beiden Ebenen über eine quer hinter der Feuerstelle befindliche Treppe. (Arch.: 3PO > Bopst Melan)*

63.4: *Dem Kaminofen gehört die ganze Betonwand, hinter der die Treppe verborgen liegt. Die Wand dient als Wärmespeicher. Sie gibt diese Wärme auch nach oben ab, ebenso das Kaminrohr, das frei durchs Obergeschoss hindurchgeführt wird. (Arch.: R S T Richard Stihler)*

63.5: *Der Kamin als Raumteiler, aber anders interpretiert als bei Abb. 63.1. Hier ist der Kamin nicht Teil einer Wand, sondern wird selbst zur Wand. Unterstrichen wird das durch den Sichtbeton im Kontrast zu den verputzten Wänden und durch die dem Kamineinsatz folgende Teilung der Betonfläche. (Fabi Architekten)*

Kaminöfen werden zumeist mit Holz beheizt. Dieser Einsatz erneuerbarer Energie kann bei den Berechnungen nach der Energieeinsparverordnung berücksichtigt werden, wenn der Ofen mit einer »Wassertasche« ausgestattet ist und diese dauerhaft mit der Heizungsanlage des Hauses verbunden ist. Das vom Ofen erzeugte Warmwasser wird dann der Heizung zugeführt, entlastet folglich deren Energiebedarf.

64 Sonnenkollektoren

Nach den geltenden Vorschriften muss bei Neubauten ein bestimmter Anteil der benötigten Wärme mit erneuerbarer Energie erzeugt werden. Wie hoch dieser Anteil ist, hängt davon ab, welche Art von erneuerbarer Energie eingesetzt wird. Um den hierfür nötigen zusätzlichen Aufwand in vernünftigem Rahmen zu halten, muss die Entscheidung für die Heizungsanlage mit Blick auf diese Verpflichtung getroffen werden.

Ist eine Heizungsanlage geplant, die hauptsächlich mit erneuerbarer Energie betrieben wird, so wird man diese Anlage so konzipieren, dass die gesetzlichen Anforderungen ohne zusätzliche Maßnahmen erfüllt werden.

Wird dagegen eine mit Erdgas oder Erdöl betriebene Heizungsanlage gewählt, so wird die Anforderung zweckmäßig und kostengünstig mit einer solarthermischen Anlage zur Brauchwassererwärmung erfüllt. Dazu muss eine sich nach der Wohnfläche bemessende Fläche an Sonnenkollektoren installiert und betrieben werden. Dieser Anteil beträgt für Ein- und Zweifamilienhäuser 0,04 Quadratmeter Kollektorfläche je Quadratmeter Wohnfläche. Das sind, um die Größenordnung zu vermitteln, bei 200 Quadratmetern Wohnfläche 8 Quadratmeter Kollektorfläche (genau: Aperturefläche, das ist die von der Sonne tatsächlich angestrahlte Fläche). Diese Fläche ist für die Versorgung eines Vier-Personen-Haushalts mit Warmwasser gut bemessen.

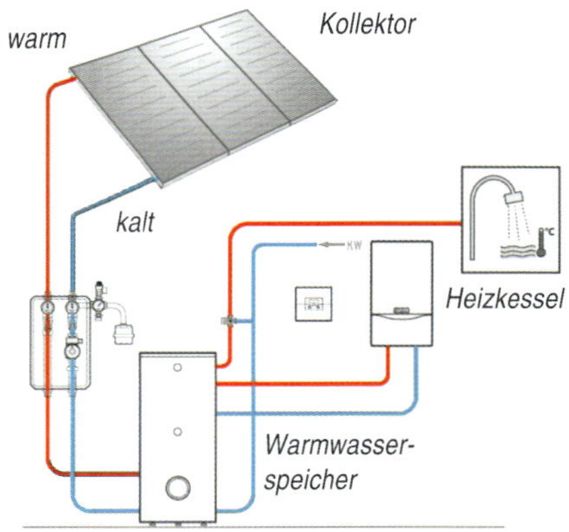

64.1: Solarthermische Anlage zur Trinkwassererwärmung (Zeichnung nach Vaillant)

Der Warmwasserbedarf im Haushalt kann unter üblichen Bedingungen zu 50 bis 60 Prozent (übers Jahr gerechnet) durch eine solarthermische Anlage gedeckt werden. Im Sommer (Juni bis August) werden 100 % erreicht, im Frühjahr und im Herbst 70 bis 40 %, im Winter (Dezember bis Februar) nur noch gut 20 %. Von September bis Mai ist somit Nachheizen mit konventionellen Brennstoffen erforderlich. Da in der Zeit der hohen Erträge Wärmeüberschüsse normalerweise nicht genutzt werden können, ist jede Überdimensionierung zu vermeiden, da der höheren Investition kein größerer Nutzen entspricht.

Die Bemessung der Anlage zur Brauchwassererwärmung richtet sich nach dem Warmwasserbedarf. Man rechnet mit folgenden Ansätzen pro Person und Tag bei einer Wassertemperatur von 45° Celsius:

- niedriger Bedarf 30 Liter
- mittlerer Bedarf 45 Liter
- hoher Bedarf 60 Liter.

Wo sich Bewohner und Gewohnheiten ändern können, ist es ratsam, nicht den niedrigsten Bedarf, sondern zumindest einen mittleren Wert von 45 Litern anzusetzen.

Für den Warmwasserspeicher gilt der doppelte Tagesbedarf als ausreichend, also 90 bis 120 Liter pro Person.

Zur Bemessung der Kollektorfläche gelten für Flachkollektoren (FK) und Vakuumröhrenkollektoren (VK) folgende Richtwerte (k):

Tagesbedarf/Person	FK	VK
30 Liter	0,85 qm	0,60 qm
45 Liter	1,25 qm	0,85 qm
60 Liter	1,90 qm	1,35 qm

Diese Ansätze gelten unter günstigen Bedingungen, d. h. bei einer Kollektorneigung von 20 bis 50°, nach Süden ausgerichtet und bei einem Standort mit einer Jahressumme der Globalstrahlung um 1250 kWh.

Das jährliche Strahlungsangebot eines Standortes ist einer Karte des Deutschen Wetterdienstes zu entnehmen (www.dwd.de). Die Strahlungssumme reicht in Deutschland etwa von 950 bis 1300 kWh, dargestellt in der Tabelle in Schritten von 50 kWh. Der Tabelle ist zu entnehmen, wie sich die unterschiedlichen Bedingungen auf die erforderliche Kollektorfläche auswirken. Sie enthält die Faktoren, mit denen der Ansatz für den günstigsten Fall (f = 1,00) zu multiplizieren ist.

Danach ergibt sich für einen Vier-Personen-Haushalt bei mittlerem Warmwasserbedarf eine Kollektorfläche zwischen 5,0 und – im schlechtesten Fall – 7,45 qm. Der Gesamtertrag übers Jahr ist dabei immer derselbe, nur die Wirtschaftlichkeit der Anlage wird mit zunehmender Kollektorfläche schlechter.

Die Preise von Flachkollektoren je Quadratmeter Kollektorfläche liegen zwischen 1200 EUR bei sehr kleinen Anlagen (3 bis 4 qm) und 700 EUR (bei Anlagen um 10 qm). Diese Angaben beziehen sich auf ins Dach eingebaute Kollektoren; werden die Kollektoren über der Dacheindeckung montiert, verringern sich die Kostenansätze um ca. 10 Prozent.

Vakuumröhrenkollektoren sind um ca. 20 Prozent teurer, ungeachtet der dann geringeren Kollektorfläche. Die Preise von Flachkollektoren (dachintegriert) und Vakuumröhren stehen etwa im Verhältnis 1 zu 1,7.

Bei Wohnflächen über 200 Quadratmetern führt die 0,04-Quadratmeter-Regelung zu Anlagen, die für die Brauchwassererwärmung überdimensioniert sind. Dann ist zu prüfen, ob die Anlage zur Heizungsunterstützung herangezogen werden kann. Es ist dann auch zu klären, wie der Überhitzung der Anlage im Sommer, wenn die Heizung nicht in Betrieb ist, begegnet werden soll. Wer allerdings ein beheizbares Schwimmbecken hat, braucht sich darüber keine Sorgen zu machen.

Strahlungs-angebot *	Ausrichtung						
	S		SO / SW		O / W		
Neigung	< 20°	20 – 50°	< 20°	20 – 50°	< 20°	30 – 40°	flach
950	1,31	1,24	1,31	1,31	1,43	1,49	1,37
1000	1,27	1,20	1,27	1,27	1,39	1,45	1,33
1050	1,22	1,16	1,22	1,22	1,35	1,39	1,29
1100	1,18	1,12	1,18	1,18	1,29	1,35	1,22
1150	1,12	1,08	1,12	1,12	1,24	1,29	1,18
1200	1,08	1,04	1,08	1,08	1,20	1,24	1,14
1250	1,06	**1,00**	1,06	1,06	1,16	1,20	1,10
1300	1,03	0,97	1,03	1,03	1,12	1,16	1,07

** Jahressumme der Globalstrahlung in kWh/qm*

64.2: Faktoren (f) zur Anpassung der erforderlichen Kollektorfläche nach Klimazone, Neigung und Ausrichtung. Die Tabelle gilt auch für Photovoltaikanlagen.

65 Photovoltaik

Unter Photovoltaik versteht man die direkte Umwandlung von Lichtenergie in elektrische Energie mit Hilfe von Solarzellen. Sonnenenergie ist im Gegensatz zu fossilen Energieträgern oder spaltbarem Material unbegrenzt verfügbar. Die Stromerzeugung setzt keinerlei Partikel oder Treibhausgase frei. Die einfache Technik ist ausgereift, wartungsarm und langlebig, bei günstigen Gestehungskosten und öffentlicher Förderung auch wirtschaftlich.

Der Einbau einer Photovoltaik ins eigene Haus ist deshalb immer eine Überlegung wert. Der erzeugte Strom sollte vorrangig selbst verbraucht und nur der überschüssige Anteil ins Stromnetz eingespeist werden. Durch die Anbindung ans öffentliche Stromnetz besteht Versorgungssicherheit, wenn die eigene Stromerzeugung nicht ausreicht oder ausfällt.

Photovoltaikanlagen, die im Zusammenhang mit Eigenheimen errichtet werden, müssen ins Gebäude integriert sein, also entweder auf das Dach oder in die Fassade eingebaut werden. Anlagen auf Freiflächen sind in der Regel nicht zulässig; ansonsten wird der Bau von Photovoltaikanlagen seitens des Staates und der Kommunen unterstützt. Es ist erklärtes Ziel, den Anteil des verbrauchernah erzeugten Stroms aus regenerativen Quellen zu erhöhen.

Die mittlere Jahressumme der Globalstrahlung kann als der maximal erzielbare mittlere Jahresertrag einer Anlage angesetzt werden. Die Mittelwerte nach Tabelle 64.2 oder einer Globalstrahlungskarte sind als Anhaltswerte zu verstehen: Kleinklimatische oder topografische Gegebenheiten (häufiger Nebel, Höhenlage) eines konkreten Standortes können den Wert verändern. Erfahrungen aus der Nachbarschaft sind deshalb nützlich.

Erheblichen Einfluss hat eine Verschattung der Anlage durch Gelände, Bebauung oder Bewuchs. Nach dem Prinzip des schwächsten Glieds einer Kette kann bereits der Schatten ei-

Photovoltaikmodule

nennt man den zusammengeschalteten Verbund mehrerer Solarzellen. Man unterscheidet Mono- oder polykristalline und amorphe (Dünnschicht-) Module. Das Spektrum des Angebotes stellt sich wie folgt dar:
Modulgrößen (Fläche): etwa zwischen 0,5 und 2,5 qm, jeder Hersteller hat seine eigenen Abmessungen, häufig sind Werte im Bereich von 1250 x 650 mm.
Nennleistung: von 50 bis 300 Watt, flächenbezogen bewegt sich die Nennleistung zwischen 80 und 135 W/qm.
Leistungstoleranz: (Nennleistung) von ± 3 bis ± 10 %, bis ± 5 akzeptabel.
Leistungskoeffizient: gibt an, um wieviel Prozent die Leistung je Grad Celsius Erwärmung abnimmt (Werte bei 0,3 bis 0,5 %).
Wirkungsgrad: von ca. 8 bis um 14 %.
Flächenbedarf: für eine Leistung von 1 kWp zwischen 7,5 und 12,5 qm Modulfläche.
Leistungsgarantie: sehr häufig 80 Prozent der Nennleistung auf 20 bis 25 Jahre.
Produktgarantie: häufig 1 Jahr, einige Hersteller bieten 5 oder 10 Jahre.
Modulpreise: derzeit zwischen 0,70 und 2,00 Euro/kWp; für komplette, montierte Anlage Preise ab 2,50 bis 3,00 Euro je Wp.
Jährlicher Ertrag: ca. 900 kWh/kWp.

* Wp (Watt Peak): Bezeichnung der Leistung unter Standardbedingungen

ner Antenne die Gesamtleistung der Anlage gegen Null bringen. Laub und starke Verschmutzung haben die gleiche Wirkung. Sind Teilabschattungen unvermeidlich, kann der Abschattungsverlust durch Bypass-Dioden beträchtlich vermindert werden. Verschattung vor 9 Uhr und nach 17 Uhr hat dagegen nur geringe Wirkung.

Welcher Anteil der Globalstrahlung genutzt werden kann, hängt von der Ausrichtung der Anlage ab. Ideal ist Südorientierung bei einer Neigung der Module von 28°, aber wie die Tabelle 65.2 zeigt, gibt es Spielraum.

Der ins öffentliche Netz eingespeiste Strom wird vergütet. Der Betrag wird für den Zeitpunkt der Inbetriebnahme der Anlage festgelegt und gilt in dieser Höhe für 20 Jahre. Für Anlagen bis 10 kWp beträgt die Vergütung derzeit etwa 12 Cent pro gelieferter kWh. Eine aus Eigenmitteln finanzierte Anlage amortisiert sich in 11 bis 13 Jahren, bei Fremdfinanzierung in 13 bis 15 Jahren.

Energiequelle der Photovoltaik

Die Strahlung, die von der Sonne auf die Erdatmosphäre auftrifft, heißt extraterrestrische Sonnenstrahlung; ihre Strahlungsstärke beträgt im Mittel 1368 W/qm. Die am Boden ankommende Sonnenstrahlung heißt Globalstrahlung, ihre Stärke reicht von 90 bis 140 W/qm im Jahresmittel. Sie besteht aus direkter Sonnenstrahlung (Schatten bildend) und aus diffuser Himmelsstrahlung. Der Anteil der direkten Strahlung beträgt bei einem Sonnenstand um 10° etwa 30 %, bei einem Sonnenstand ab 50° etwa 75 %.
In Deutschland erreicht die Globalstrahlung eine mittlere jährliche Strahlungsleistung von etwa 800 bis 1240 kWh/qm. (→ 64.2)

65.1: Die der Sonne zugewandte Dachfläche ist vollständig mit Photovoltaikmodulen belegt. Zwar nicht ins Dach integriert, dem aber in der Wirkung sicher gleichwertig. Die Anlage mit einer Leistung von ca. 9 kWp erzeugt jährlich etwa 8.500 kWh Strom. (Arch.: Stein Hemmes Wirtz)

65.2: Nutzbarer Anteil der Globalstrahlung nach Orientierung und Neigung der Module (in Prozent)

Modul-Neigung	Abweichung von exakter Südorientierung nach Westen oder Osten (in Grad)									
In Grad	0°	10°	20°	30°	40°	50°	60°	70°	80°	90°
0	95									
10	100	100	100	100	100	100	100	95	95	95
20	100	100	100	100	100	100	100	95	95	95
30	100	100	100	100	100	100	100	95	95	90
40	100	100	100	95	95	95	95	90	90	85
50	100	100	95	95	95	95	90	90	85	85
60	95	95	90	90	90	90	85	85	80	80
70	80	80	80	80	80	80	75	75	70	70
80	80	80	80	80	75	75	75	75	70	70
90	70	70	70	70	70	70	70	65	65	60

66 Mechanische Lüftung

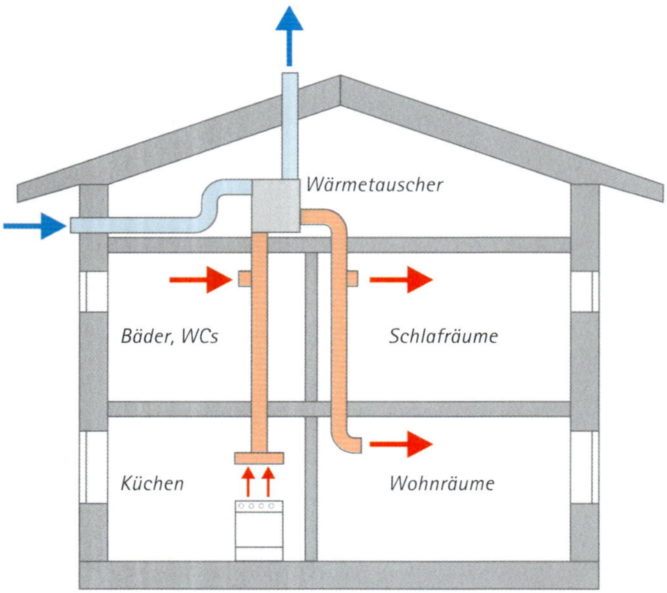

66.1: Prinzipskizze einer Lüftungsanlage mit Wärmerückgewinnung

dert, dass ein der Gesundheit zuträglicher und bauphysikalisch ausreichender Luftwechsel gesichert ist. »Ausreichend« ist die Menge frischer, trockener Luft, die nötig ist, eine dauernde Durchfeuchtung von Bauteilen (hauptsächlich der Außenwände) durch zu hohe Luftfeuchte zu verhindern. Für beheizte Räume wird konkret gefordert, dass die Raumluft alle zwei Stunden vollständig erneuert werden muss.

Es hat sich herumgesprochen, dass Fenster nicht andauernd in Kippstellung geöffnet bleiben sollen, da hierbei gleichsam zum Fenster hinaus geheizt wird. Deshalb wird offiziell zur täglich mehrmaligen sogenannten Stoßlüftung geraten. Mieter werden hierzu per Mietvertrag verpflichtet (auch wenn das rechtlich nicht haltbar ist). Das heißt morgens und abends in allen Wohn- und Schlafräumen ein Fenster für fünf bis fünfzehn Minuten (die Empfehlungen gehen hier auseinander) weit öffnen und dann wieder schließen. Dabei soll die Heizung abgestellt, also z. B. das Thermostatventil geschlossen oder der Raumthermostat zurückgedreht werden. In Räumen, in denen sich tagsüber Bewohner aufhalten, muss zusätzlich zwischendurch gelüftet werden. Wer das korrekt macht, braucht dafür rund eine halbe Stunde. Das sollten Sie sich nicht zumuten in einer Gegenwart, in der niemand Zeit hat und Komfort alles ist.
Es werden in Verbindung mit den Fenstern viele unterschiedliche Lüftungssysteme angeboten, die dafür sorgen sollen, dass sich die Luft nutzerunabhängig, also automatisch er-

Warum muss gelüftet werden?
Die Raumluft muss täglich folgende Feuchtemengen (in Form von Dampf) aufnehmen:

- je Person 1,0 – 1,5 Liter
- beim Duschen/Baden 0,5 – 1,0 Liter
- beim Kochen 0,5 – 1,0 Liter
- durch Wäschetrocknen 1,0 – 1,5 Liter

Wie viel Feuchte tatsächlich ansteht, hängt von der Anzahl der Bewohner und deren Gewohnheiten ab. Es ist einsichtig, dass diese Feuchtemengen in großen und hohen Räumen weniger Probleme machen als in kleinen und niedrigen Räumen. Deshalb gibt es keine generell gültigen Regeln zum Lüften, denn wer mehr als nötig lüftet, vergeudet Wärme, wer zu wenig lüftet, riskiert Schimmelbildung.

neuert. So kann Frischluft über den Falz oder ein in oder über den Rahmen eingebautes Gerät kontrolliert zugeführt werden. Es gibt auch automatische Schließsysteme, die nach programmierter Zeit und Dauer Fenster öffnen und schließen. Dabei muss sichergestellt sein, dass man damit nicht ungebetenen Gästen den Zugang ins Haus erleichtert.

Will man dem entgehen, bleibt nur der Einbau einer mechanischen Lüftungsanlage. Diese besteht aus Zuluft- und Abluftöffnung und Ventilatoren, die die verbrauchte Luft ins Freie befördern. Wie viele solcher Öffnungen nötig sind, hängt von der Anzahl und der Anordnung der Räume ab. Ein Beispiel zeigt 66.1. Bei den meisten Einrichtungen zur Lüftung über die Fenster geht, wie auch bei der Stoßlüftung, mit der abgeführten Luft Wärme verloren. Mit einer mechanischen Lüftungsanlage mit Wärmerückgewinnung können diese Verluste vermieden werden. Hierzu wird der Abluft mit Hilfe von Wärmetauschern Wärme entzogen und die Frischluft damit vorgewärmt. Auf diese Weise bleiben bis zu 95 Prozent der Abluftwärme erhalten.

Bei solchen Lüftungsanlagen wird die Luft in Kanälen geführt. Diese müssen bei der Planung des Hauses von Anfang an berücksichtigt werden. Sollen diese Kanäle unsichtbar bleiben (sichtbar sind nur die Gitter der Auslass- und Einlassöffnungen), müssen sie in Decken, Fußböden und Wände integriert werden. Das kann die Baukosten beträchtlich erhöhen, zusätzlich zu den Kosten der Lüftungsanlage selbst, für die bei einem Einfamilienhaus mindestens 5.000 Euro zu veranschlagen sind.

So lange dauert es, bis die Luft über die Fenster vollständig erneuert wird (in Minuten):

- Querlüftung – Fenster und gegenüberliegende Türe ganz geöffnet 1 – 5
- Fenster ganz geöffnet 5 – 10
- Fenster halb geöffnet 10 – 15
- Fenster gekippt, Türe offen 15 – 30
- Fenster gekippt 30 – 60

Um festzustellen, wie Sie im neuen Haus lüften müssen, sollten Sie über eine gewisse Zeit während der Heizperiode die Raumluftfeuchte messen. Beginnen Sie mit minimalen Lüftungsmaßnahmen, bis bei einer bestimmten Lüftungspraxis eine Luftfeuchte von 60 Prozent nicht überschritten wird. Diese Praxis können Sie dann beibehalten.

Wie der Schimmel kommt

»Jeden Morgen sind im Kinderzimmer die Fenster nass. Hier muss doch durch Risse Feuchtigkeit eindringen«.
Bei Besichtigung des ca. 15 m² großen Raums fielen keine Bauschäden, wohl aber 4 Betten auf.

Die Luft in diesem Raum kann etwa 300 g (10 g/cbm) Wasser aufnehmen. Halten sich hier aber 4 Personen 8 bis10 Stunden auf, wird wesentlich mehr Wasser in die Luft eingebracht. Dieses Wasser kondensiert dann an der kühlsten Fläche im Raum; hier sind das die Fensterscheiben. Bei neuen, hochgedämmten Fenstern hätte sich die Feuchte an den kältesten Mauerstellen gesammelt. Außenwandecken oder Wände hinter Schränken sind dann schnell von Schimmel befallen.

Dasselbe geschieht, wenn Schlafzimmer den ganzen Tag nicht beheizt, abends dann durch Öffnen der Türen zum Wohnzimmer leicht temperiert werden. Die warme Luft im Wohnzimmer ist feuchter als der ausgekühlte Raum es verträgt. Dazu kommt das Wasser, das durch die Schlafenden eingebracht wird. Die Wände sind völlig ausgekühlt, Wasser kondensiert, der Schimmel kommt. Sicher!

67 Wärmepumpen

Hervorzuheben ist hier das ständig steigende Interesse am Einsatz von Wärmepumpen. Im Jahr 2011 haben sich schon an die 57.000 Bauherren für diese Art der Heizung entschieden, fast 12 Prozent mehr als im Vorjahr. Der Marktanteil der Wärmepumpenheizungen betrug 2010 rund 25 Prozent. Wie groß das Potential ist, zeigen die Zahlen aus der Schweiz: Dort beträgt der Marktanteil bei Neubauten bereits 75 %.

Die Zeit der fossilen Brennstoffe geht langfristig ihrem Ende entgegen. Die Zukunft gehört den regenerativen Energien. So sehen das auch die Bauherren und entscheiden sich für Alternativen zu den herkömmlichen Heizsystemen. Besonderes Interesse finden zunehmend Wärmepumpen. Doch nutzen nicht alle Wärmepumpenheizungen erneuerbare Energie im erwünschten Umfang. Um das zu beurteilen, muss man sich die Wirkungsweise der Wärmepumpen genauer ansehen.

Die Wärmepumpe ist ein Aggregat, das thermische Energie (Wärme) niedriger Temperatur unter Einsatz einer Antriebsenergie in thermische Energie einer z. B. für Heizungen nutzbaren höheren Temperatur umwandelt. Als Wärmequelle dient im weitesten Sinn die Umgebung, soweit sie eine für die Nutzung ausreichende Wärmemenge bereithält. Als nutzbar haben sich die Umgebungsluft, das Erdreich, Grundwasser, Abwärme und Bauwerksteile erwiesen.

Das Prinzip der Wärmepumpe wird in jedem Haushalt zur Kühlung eingesetzt. Ein Kühlschrank entzieht dem zu kühlenden Raum Wärme, die als Abwärme an die Umgebung abgegeben wird. Die abgegebene Wärme ist hier (vor allem im Sommer) ein eher unerwünschter Effekt. Bei der für Heizzwecke eingesetzten Wärmepumpe dagegen ist die Erwärmung das Ziel.

Es gibt zwei unterschiedliche Prinzipien, nach denen Wärmepumpen arbeiten: die Kompression und die Absorption. Für die Beheizung von Gebäuden sind Kompressionswärmepumpen seit Jahrzehnten gebräuchlich. Sie nutzen die bei Verdichtung und Entspannung eines Kältemittels freigesetzte Energie. Zur mechanischen Verdichtung wird (in der Regel elektrische) Energie zugeführt.

Entscheidend für die Effizienz einer Wärmepumpe ist nun das Verhältnis von eingesetzter elektrischer Energie zur damit gewonnenen Wärmeenergie. Die Effizienz der Wärmepumpe ist in großem Maß abhängig von der Differenz zwischen der Temperatur der Wärmequelle und der erforderlichen Vorlauftemperatur. Je geringer diese Differenz, desto größer die Effizienz. Deshalb sollten Wärmepumpen in Verbindung mit Flächenheizungen (Vorlauftemperaturen um 30 °C) eingesetzt werden. Zum Vergleich: Radiatoren erfordern eine Vorlauftemperatur um 50 °C.

Somit hängt die Effizienz wesentlich vom Medium ab, dessen Energie genutzt werden soll. Es macht einen erheblichen Unterschied, ob Erdwärme einer ganzjährig gleichbleibenden Temperatur von um 10 °C zur Verfügung steht oder die Umgebungsluft mit Minusgraden im Winter, also gerade dann, wenn Wärme benötigt wird. Es ist deshalb nicht erstaunlich, wenn anhand von Studien festgestellt wird, dass Erdwärme die wirtschaftlichste Wärmequelle ist, gefolgt vom Grundwasser und der Umgebungsluft (Tabelle).

Zur Messung der Effizienz werden verschiedene Kenngrößen verwendet. Die vom Hersteller angegebene Leistungszahl sowie der COP (Coefficient of Performance)-Wert werden unter normierten günstigen Prüfbedingungen ermittelt und sind für die energetische Bewertung der Gesamtanlage nicht geeignet.

Wesentlich aussagefähiger ist die Jahresarbeitszahl (JAZ). Sie setzt die abgegebene Nutzarbeit zur aufgewendeten Antriebsarbeit ins Verhältnis. So bedeutet eine Arbeitzahl 3, dass je kW eingesetzter Energie 3 kW gewonnen werden. Zur Ermittlung der Arbeitszahl werden Einsatz und Ertrag über eine gesamte Nutzungsperiode, also ein Jahr, gemessen. Dabei wird der Energieverbrauch notwendiger Komponenten wie der Pumpen einbezogen. Die Arbeitszahl gilt für die gegebenen Bedingungen im praktischen Betrieb.

Die Temperatur des Erdbodens ist bis zu einer Tiefe von etwa 10 Metern durch den jahreszeitlichen Temperaturwechsel bestimmt. Sie liegt oberflächennah zwischen 0 und etwa 15 Grad, ab 3 Metern Tiefe zwischen 6 und 12 Grad und ab 10 Metern Tiefe nahezu gleichbleibend bei 10 Grad Celsius. Die Erdwärme kann als Wärmequelle mit Flachkollektoren in 1,3 Metern Tiefe, mit Kollektorgräben und Erdwärmekörben bis etwa 3 Meter Tiefe oder mit Tiefensonden in Tiefen von 30 bis zu 100 Metern gefördert werden. Die mittlere Jahresarbeitszahl liegt in Deutschland bei 3,4 für Wärmepumpen und Fußbodenheizung, eine Jahresarbeitszahl von 4 ist jedoch ohne weiteres erreichbar.

Für eine kostengünstige Flächenkollektoranlage steht oft die notwendige Gartenfläche nicht zur Verfügung. Es gibt aber eine Vielzahl von Kollektorarten und -formen mit geringerem Platzbedarf. Wenn möglich, sollte man sich für Tiefensonden entscheiden. Sie sichern ein gleichmäßig gutes Wärmeangebot und verbrauchen keine Freiflächen. Für Tiefenboh-

Art der Wärmepumpe	Heizungsart		Erzeuger-JAZ	System-JAZ
Erdreich-Wärmepumpe	Fußboden	im Mittel Spitzenwerte	3,4 –	3,1 4,4
Grundwasser-Wärmepumpe	Fußboden	im Mittel erreichbar	3,2 –	2,9 3,8
Luft-Wärmepumpe	Fußboden Radiatoren	im Mittel	2,8 –	2,4 2,2

Tabelle: Jahresarbeitszahlen von Wärmepumpen-Heizungen (Quelle: Lokale Agenda 21 – Gruppe Energie Lahr mit Energieagentur Offenburg)

67.1: Bohrung für Tiefensonden – Angaben für Heizwärmebedarf von ca. 8 kW: Bohrung von ca. 130 m Tiefe mit 2-Kreis-Sonde (mittlerer Wärmeentzug 50 W/m). Üblich sind Bohrlöcher von bis zu 100 m Tiefe. Kann nicht so tief gebohrt werden, sind Mehrfachbohrungen erforderlich mit einem Mindestabstand zwischen den einzelnen Sonden von 7 m. Befüllung der Sonden mit Wasser-Frostschutzmittel-Gemisch (Sole). Kosten für Bohrung und Sonden ab 10.000 EUR. (EBERHARD&Partner)

rungen ist die Zustimmung der Wasserbehörde erforderlich.

Grundwasser bietet sich wegen seiner konstanten Temperatur zwischen 8 und 12 °C an. Das Wasser wird durch einen Förderbrunnen entnommen, durch den Wärmeentzug um etwa 4 Grad abgekühlt und über einen Schluckbrunnen zurück ins Grundwasser gepumpt. Grundwasser-Wärmepumpen erreichen in Deutschland im Durchschnitt eine Jahresarbeitszahl von 3,0 bei Anschluss an eine Fußbodenheizung.

Grundwasseranlagen sind genehmigungspflichtig. Die Erschließung des Grundwassers mit Förder- und Schluckbrunnen ist finanziell aufwendig. Zusätzlich muss durch eine Probebohrung zuerst festgestellt werden, ob die geforderten Grenzwerte für die Wasserqualität eingehalten werden.

Die Umgebungsluft unterliegt über den Jahresverlauf sehr starken Temperaturschwankungen. Sie ist im Winter bei niedrigen Temperaturen nur bedingt als alleinige Wärmequelle zum Heizen nutzbar. Die Jahresarbeitszahl liegt für die Wärmequelle Außenluft in Deutschland im Durchschnitt bei 2,8 bei Nutzung der Luftwärmepumpe mit der Fußbodenheizung.

67.2: Flächenkollektor, PE-Rohr mit ∅ 2,5 cm (Angaben für Heizwärmebedarf von ca. 8 kW): Flächenbedarf, lehmiger, feuchter Boden: unbebaute Grundfläche von ca. 240 qm, bis zu 120 m lange Kollektorkreise, Verlegung in Sandbett, Tiefe ca. 1,2 bis 1,5 m, Verlegeabstand zwischen den einzelnen Rohren ca. 50 bis 75 cm, Befüllung mit Wasser-Frostschutzmittel-Gemisch (Sole) (Foto: Schenk)

Energetische Bewertung und CO_2-Bilanz

Für die Beurteilung des energetischen Nutzens und des CO_2-Ausstoßes ist nicht allein die Arbeitszahl entscheidend. Es ist zu berücksichtigen, wie die eingesetzte elektrische Energie gewonnen wird. Für Strom aus dem öffentlichen Netz ist ein Primärenergieeinsatz von bis zu 3 kWh pro gelieferter kWh erforderlich. Unter diesen Voraussetzungen ist eine tatsächliche Energieeinsparung (also nicht nur die beim Endverbraucher) erst ab einer System-Jahresarbeitszahl um 3 möglich. Geht man bei Energiemix von einem Primärenergieeinssatz von etwa 2,4 kWh je gelieferter kWh aus, wird bei gleicher Arbeitszahl in der Gesamtbetrachtung Primärenergie eingespart und das CO_2-Aufkommen gemindert. Doch muss man sich klar machen, dass der energetische Nutzen erst bei deutlich höheren Jahresarbeitszahlen Größenordnungen erreicht, die den zumeist beträchtlich höheren finanziellen Aufwand rechtfertigen. Man darf aber hoffen: Mit zunehmendem Anteil der regenerativen Energien an der Stromerzeugung wird langfristig der Primärenergieeinsatz weiter sinken und der energetische Nutzen der installierten Wärmepumpen-Anlagen in gleichem Maß steigen.

Arch.: Klaus Loenhardt, Christoph Mayr
Grünes Haus

68 Dachbegrünung

Die Idee, Pflanzen die Fläche zurückzugeben, die ihnen durch das Bauen genommen wird, ist schon alt. Mit dem Einzug ökologischer Aspekte in die Gebäudeplanung verbreiteten sich auch die begrünten Dächer. Dennoch ist ihre Zahl, verglichen mit den nicht bepflanzten Dächern, verschwindend gering. Das liegt zum einen an den Bauvorschriften, die vielerorts Dachneigungen vorschreiben, die eine Dachbegrünung aufwendig bis unmöglich machen; zum anderen gelten Dachbegrünungen als teuer und fallen deshalb nicht selten bei der Planung dem Rotstift zum Opfer.

Dabei wird die Rechnung oft nicht zu Ende geführt, denn begrünte Dächer haben eine Reihe von Vorteilen, die in eine langfristige Berechnung der Wirtschaftlichkeit eingehen: Begrünte Dächer sind sehr langlebig. Die Pflanzschicht und die Pflanzen selbst schützen die Dachhaut vor starkem Temperaturwechsel und UV-Stahlung, den Hauptfeinden jeder Dachabdichtung. Zudem verhindern sie Hagelschäden. Die Verdunstung aus der wasserhaltenden Schicht kühlt bei Sommerhitze und verbessert das Raumklima der darunter liegenden Räume. Und die Pflanzschicht kann Regenwasser speichern und die abfließenden Mengen um mindestens 50 Prozent verringern, was sich zudem günstig auf die Abwasserabgaben auswirken kann. Die Dachbegrünung kann zudem auf die Umsetzung von Pflanzgeboten im Freibereich angerechnet werden.

Gründächer vermindern auch die Schallreflexionen und verbessern die Schalldämmung

68.1: Die Begrünung von Steildächern erfordert besondere Maßnahmen, die das Abrutschen der Pflanzschicht verhindern. (optigrün Int. GmbH)

68.2: Dachflächen mit geringer Neigung (bis zu etwa 10°)können mit dem Systemaufbau für Flachdächer begrünt werden. (Quelle: ZinCo)

des Daches. Sie binden Staub und Schadstoffe aus der Luft und verwandeln Kohlendioxyd (CO_2) in Sauerstoff.

Diese Vorteile sollten bei der Entscheidung über die Dachform – soweit hier Wahlmöglichkeit besteht – berücksichtigt werden. Das gilt auch für Nebengebäude, insbesondere für Garagen. Zwar handelt es sich hier nur um kleinere Flächen, die positive Wirkung ist dennoch nicht zu unterschätzen. Auch Garagendächer strahlen bei konventioneller Bedachung im Sommer Hitze ab (ein bekiestes Flachdach erhitzt sich auf über 70 °C). Und da die Garagendächer in der Regel unmittelbar am Wohnhaus liegen, ist die Abstrahlung bei darüber liegenden Fenstern spürbar. Ein bepflanztes Garagendach verbessert somit das Kleinklima um das Haus herum.

»Gründach« bezeichnet umgangssprachlich jede bepflanzte Dachfläche. Fachlich wird zwischen extensiver und intensiver Dachbegrünung unterschieden (siehe Kasten). Bei den meisten bepflanzten Dächern handelt es sich um extensive Begrünung. Das erklärt sich hauptsächlich durch die niedrigeren Kosten und den geringeren Pflegeaufwand dieser Art der Begrünung.

68.3: Die extensive Begrünung des Flachdachs ist mit einem Kiesstreifen gefasst. Das verbessert die Entwässerung. (immergrün gmbh)

Begrünung – extensiv oder intensiv

Extensive Dachbegrünungen sind leicht und haben eine geringe Aufbauhöhe. Sie eignen sich auch für geneigte Dächer. Es werden Pflanzen verwendet, die von Natur aus mit Standortbedingungen, wie sie auf Dächern anzutreffen sind (starke Sonneneinstrahlung, Wind, Trockenheit etc.), zurechtkommen. Extensive Gründächer benötigen nur geringen Pflegeaufwand. In der Regel genügen ein bis zwei Wartungsgänge pro Jahr.

Intensive Dachbegrünung ist der Vegetation eines Gartens vergleichbar. Eine intensive Begrünung erfordert einen höheren Systemaufbau und bringt damit eine höhere Last auf das Dach. Es ist – wie im Garten – regelmäßige Pflege erforderlich, im Detail ist das von der Gestaltung und den gewählten Pflanzen abhängig. Dabei sind – ausreichende Schichtdicke vorausgesetzt – nahezu alle Bepflanzungen möglich, vom Rasen bis hin zu Bäumen.

Kosten

Für ein Garagendach von ca. 40 qm müssen Sie für die einfachste Bepflanzung mit Kräutern und Gräsern mit 50 EUR/qm rechnen. Eine vielfältige, gartenähnliche Bepflanzung mit Stauden, kleinen Gehölzen und Rasen kostet etwa das Dreifache. Diese Kosten gelten für Dachneigungen bis etwa 15°. Steilere Dächer (bis ca. 45°) erfordern Maßnahmen gegen Abrutschen, deren Mehrkosten sich auf bis zu 150 EUR/qm belaufen können.

69 Fassadenbegrünung

Von Efeu oder Wein überwucherte Fassaden sind in ländlichen Gegenden keine Seltenheit. Und vielerorts gehörte – und gehört – das Spalierobst ganz selbstverständlich zum Haus. Dieselben Motive, die die Begrünung von Dächern auslösen, gelten mehr oder minder auch für die Begrünung von Fassaden:

- Minderung der Schallreflexion,
- Verbesserung des Stadt- und Raumklimas,
- Verminderung von Überhitzung und Smog,
- Luftbefeuchtung,
- Schutzhülle für das Gebäude,
- Gebäudeklimatisierung durch Kühleffekte, im Sommer und Dämmwirkung im Winter,
- Feinstaubbindung und Schadstofffilterung,
- CO_2-Bindung und Sauerstoffproduktion,
- Erhöhung der Artenvielfalt in der Stadt und
- Schutz vor Graffitis.

69.1: Derart eingewachsene Häuser sind selten. Bald kann man nicht mehr aus den Fenstern blicken. (Hammer51012by Flickr.com)

Der Bewuchs von Fassaden kann aber auch als gestalterische Komponente eingesetzt werden, wie das unten stehende Beispiel zeigt.

69.2: Ein Anbau der besonderen Art, sowohl formal als auch hinsichtlich der Materialien: Corten-Stahl, Glas und ein begrünter Steilhang. (Arch.: Volker Schwab)

69.3: Der Anbau wird zwar als Büro genutzt, wäre aber in dieser Form auch für Wohnzwecke geeignet.

Die einfachste Art der Fassadenbegrünung ist die ohne Rankhilfen. Dazu werden Pflanzen eingesetzt, die selbst in der Lage sind, sich an Mauerwerk oder Putz zu halten. Solche als Selbstklimmer bezeichnete Pflanzen sind Efeu und Wilder Wein. Bei intaktem Putz, voll verfugten Mauern und Beton verursachen diese Pflanzen – entgegen verbreiteter Meinung – keine baulichen Schäden.

Wollen Sie eine prächtig blühende Fassade, muss die Fassade mit einer Rankhilfe versehen werden. Geeignet sind u. a. Klettergerüste oder vor die Fassade gespannte Seile. Damit steht eine erheblich größere Vielfalt an Pflanzen zur Auswahl: Schlingpflanzen wie der Blauregen, Rankpflanzen wie die Clematis und Spreizklimmer wie die Kletterrose. Bei der Planung von Rankhilfen und deren Befestigung an der Fassade sind die nicht unerhebliche Belastungen durch Wind und – vor allem bei immergrünen Pflanzen – Schnee zu berücksichtigen.

69.4: »... an der Außenhaut wird künftig vegetative Zartheit für Abwechslung im Zyklus der Jahreszeiten sorgen«, so der Architekt. Hierzu wird ein hölzernes Rankgerüst um das Haus gelegt, mit Abstand, der den Pflanzen Raum gibt. ⏶

69.5: »Das Bepflanzungskonzept eines Landschaftsarchitekten bringt den vertikalen Garten ganzjährig zum Blühen. Die Villa im Kleingarten trägt auf diese Weise ein stets passendes Tarnkleid, ihr hoher Kragen umfängt die Dachterrasse mit einem grünen Zaun.« (Text des Architekten) ⏶

69.6: Das Haus ist unter dem Pflanzenkleid nur noch als grüne Wand wahrzunehmen. (Arch.: nonconform) ◂

70 Sitzplatz im Garten

70.1: Ein Sitzplatz im Garten ist eine schöne Ergänzung zu einer Terrasse. Etwas abseits vom Haus sitzt man hier wirklich im Grünen. Weiß lackierte Gartenmöbel aus Holz machen aus dem Freisitz ein grünes Zimmer. (Foto: Schmotz am See)

Jedes Eigenheim hat eine Terrasse, fast immer dem Wohnbereich vorgelagert, und wenn es das Grundstück erlaubt, hin zum Garten gelegen. Das ist praktisch, aber – vor allem an heißen Hochsommertagen – nicht unbedingt der angenehmste Platz. Das Haus ist aufgeheizt, ebenso die Terrassenböden: ein kühles Plätzchen fühlt sich anders an.

Sehr viel angenehmer verbringt man solche Tage an einem Sitzplatz weg vom Haus im Garten – inmitten von Rasenflächen unter einem Baum, umgeben von Hecken oder Büschen. Ein solcher Platz lässt sich nahezu auf jedem Grundstück anlegen, auf die Größe kommt es da nicht an. Aber man muss frühzeitig daran denken, denn es dauert einige Zeit, bis Bäume und Büsche die nötige Größe erreichen. Wenn man nicht warten will, lohnt es sich, entsprechend große, aber auch deutlich teurere Pflanzen zu setzen. Sonnenschirme und -segel sind kein Ersatz für die Krone eines Baumes. Pflanzen kühlen durch Verdunstung, das ist kaum zu ersetzen.

Es braucht nicht viel für einen solchen Platz. Ein fester Boden ist nötig, damit die Gartenmöbel gut stehen. Der Boden muss nicht befestigt sein, sollte aber durch Regen nicht aufweichen. Steinböden sollten bei hochstehender Sonne im Schatten liegen.

Je nach Lage des Grundstücks ist für Schutz vor Wind zu sorgen. Auch hierfür sind Pflanzen die beste Wahl. Geeignet sind auch Schutzwände aus Holz; dabei sollten Sie darauf achten, dass solche Konstruktionen auch dem Anspruch der Architektur des Hauses entsprechen. Unbehandeltes Holz ist da nicht immer die beste Wahl.

Mauern sind sehr gut geeignet, wenn es darum geht, sich vor Straßenlärm oder den Gesprächen auf der Terrasse des Nachbarn zu schützen und wenn man vermeiden will, dass die eigenen Gespräche mitgehört werden. Mauern werden, wenn sie der Bauweise des Hauses entsprechend ausgeführt werden, mit diesem zusammen als Teil eines Ganzen wahrgenommen. Sie nehmen auch nicht – wie z. B. Holzpalisaden – den Charakter eines Provisoriums an. Allerdings wirken Mauern, die stark der Sonneneinstrahlung ausgesetzt sind, wie die Hauswand, der man vielleicht gerade entfliehen will. Dem kann man aber auch mit

Pflanzen, z. B. mit Efeu oder Büschen, entgegenwirken.

Anstelle von Mauern werden heute gerne Gabionen verwendet. Sie erfüllen denselben Zweck wie Mauern, sind aber kostengünstiger und schneller zu versetzen. Dabei sollte sehr sorgfältig geprüft werden, ob eine solche Lösung zu Ihrem Haus und der Gartenanlage auch tatsächlich passt. Gabionen erreichen in der Regel nicht die mit Mauern zu erzielende Wirkung; häufig empfindet man diese Drahtkörbe als unpassend und als provisorischen Notbehelf.

Doch nicht nur an heißen Tagen ist der Sitzplatz im Garten attraktiv. So kann es sein, dass Ihre Terrasse keine Morgensonne bietet, diese aber an einem Platz im Garten ein sonniges Frühstück ermöglicht.

Zudem bietet dieser Sitzplatz vielleicht etwas mehr Ruhe als der Platz auf der Terrasse, wo gerade Ihre Kinder mit den Freunden ausgelassen spielen oder Musik hören.

70.2: Auch hier wird der Freisitz als Raum empfunden. Die gepflasterte Fläche, eine schützende Mauer und die Krone eines Baumes bilden Boden, Wand und Dach. (Foto: Allerstorfer)

70.3: Die Terrasse ist durch einen Teich vom Garten getrennt (→ 71.4). Deshalb gibt es einen zusätzlichen Sitzplatz am anderen Ufer des Teiches. Von hier aus genießt man übers Wasser den Blick auf Terrasse und Haus. (Arch.: Annette Bartsch)

71 Gartenteich

71.1: Dieser kleine Teich vermittelt eine natürliche Idylle. Dafür sollte der Garten nicht zu klein sein. Auch sollte die Vegetation zur ortsüblichen natürlichen Pflanzenwelt passen. Je weiter man sich davon entfernt, umso größer wird der Aufwand für die Pflege und den Erhalt der Teichlandschaft. (Foto: Fotalia © sonne_fleckl)

71.2: Das Wasserbecken mit Holz einzufassen bietet sich an, wenn das Becken an die mit Holz belegte Terrasse anschließt. (Foto: Thomas Hupf Gartenbau)

Gewässer haben auf den Menschen eine besondere Anziehungskraft. Kaum einer kann sich der Wirkung eines Brunnens, eines Teiches oder eines Bachlaufs entziehen. Fließendes Wasser beschäftigt die Phantasie, und sein Geräusch kann beruhigen und Störendes ausblenden. Zu allen Zeiten haben Architekten und Landschaftsplaner mit diesen Wirkungen gespielt und Gewässer zur Gestaltung von Flächen und Räumen eingesetzt.

Über diese emotionalen und ästhetischen Qualitäten hinaus haben Gewässer auch ganz praktischen Nutzen: Sie bieten Lebensraum für besondere Pflanzen und Tiere, wirken als Luftbefeuchter und kühlen an heißen Tagen. Es lohnt deshalb darüber nachzudenken, ob Sie Ihre Planung für Haus und Garten mit einem Teich oder einem Wasserbecken bereichern wollen. Das ist in den seltensten Fällen eine Platzfrage, denn es gibt im Grund keine Mindestgröße. Für einen kleinen Teich reichen schon rund 200 Liter Wasser. Eine Mindestgröße ergibt sich erst dann, wenn Sie bestimmte Pflanzen ansiedeln und Fische einsetzen wollen. Für Fische können Sie von einer Mindestwassermenge von etwa 1.000 Litern ausgehen und von einer Mindesttiefe von einem Meter, besser 1,20 Meter, damit Fische überwintern können.

Teiche können bei reichlicher Bepflanzung ohne Pumpe betrieben werden. In diesem Fall gibt es kein fließendes Wasser. Deshalb werden Teiche zumeist mit einem pumpenbetriebenen Wasserkreislauf eingerichtet. Hierzu können Solarpumpen verwendet werden, die eine elektrische Verkabelung ersparen.

Eine Alternative zum der Natur nachempfundenen Teich ist das ringsum gefasste Wasserbecken. Es bietet als ein streng geometrisches Element Möglichkeiten, architektonische Akzente zu setzen, die entweder die Formensprache des Hauses in die Freifläche verlängern oder dazu in einen Kontrast treten.

Die Wirkung eines Beckens hängt sehr davon ab, ob die Umfassung aus dem Gelände hervortritt, z. B. so, dass der Rand zum Sitzen einlädt, oder ob das Becken vollständig ins Gelände eingelassen ist. Und nicht zuletzt macht es einen großen Unterschied, in welchem Maße das Becken gefüllt wird. Ein die Wasserfläche überragender Rand entspricht der Vorstellung »Becken«, während ein randvolles Becken bündig mit dem Gelände als Wasserfläche wahrgenommen wird.

Zur Einfassung eines Wasserbeckens eignen sich Natursteine ebenso wie Betonformsteine oder Klinker. Verbreitet werden auch Aluminium- und Stahlbleche oder -profile verwendet, die, bündig in das Gelände eingebaut, die Umrandung zur Linie werden lassen.

71.3: Ein Wasserbecken, wie aus dem Natursteinbelag herausgeschnitten, kaum einen Meter breit, aber fünf Meter lang und ausreichend so tief, dass sich Fische darin wohlfühlen. Die Form begünstigt die Verschattung des Wassers in der Tiefe, was geringere Wassererwärmung und damit bessere Wasserqualität bewirkt. (Foto: fotalia © elenathewise)

71.4: Die Terrasse als Ufer eines Teichs: Entlang des Hauses als Schwimmteich ausgebildet (→ 70.3) setzt sich dieser entlang der Terrasse in den Garten fort. (Arch.: Annette Bartsch)

72 Schwimmbad

72.1: Direkt an der Grundstücksgrenze liegend und unmittelbar an die Terrasse anschließend vermeidet diese Anordnung des Pools kaum nutzbare Restflächen: Für kleine Grundstücke optimal. (Meub Gartengestaltung)

72.2: Der kleine Pool mit Abmessungen von etwa 2,5 x 5 Metern genügt vollauf für ein erfrischendes Bad. Richtiges Schwimmen ermöglicht der Einbau einer Gegenstromanlage.

Es ist ein großes Vergnügen, sich an heißen Sommertagen im eigenen Pool im Garten erfrischen zu können. Und am Wochenende nicht ins Auto steigen zu müssen, um etwas Badespaß im nächsten überfüllten Freibad zu haben, macht das Vergnügen noch größer. Manchem ist die Erfrischung im Sommer schon Grund genug, sich einen Gartenpool zu leisten. Und die Kinder werden begeistert sein.

Doch es gibt noch andere Gründe: Schwimmen ist gesund, und man sollte es regelmäßig tun. Wer dazu ein öffentliches Schwimmbad aufsuchen muss, wird es oft genug aus diesen oder jenen Gründen bleiben lassen oder nur, weil die Zeit dazu fehlt. Ist das Schwimmbecken hinter dem Haus, so lässt sich das tägliche Schwimmen leicht in den Tagesablauf integrieren.

Sehr verbreitet sind Schwimmbecken mit Maßen um 8 x 4 Meter bei Wassertiefen von ca. 1,35 bis 1,60 Metern. Bei solchen Abmessungen können zwei Personen ungestört nebeneinander ihre Bahnen schwimmen. Doch handelt es sich hierbei nicht um Mindestmaße. Es geht bei beengten Platzverhältnissen auch kleiner. Nebenstehendes Beispiel zeigt, wie man auch unter Reihenhausbedingungen ein Schwimmbecken einbauen kann, ohne dass dies beengt wirkt.

Will man bei kleinen Becken tatsächlich schwimmen und nicht nur baden, so sollte man eine Gegenstromanlage einplanen, denn bei ständigem Wenden macht Schwimmen wenig Spaß.

Pool ist nicht gleich Pool

Es gibt ein großes Angebot an Schwimmbecken, z. B. Stahlwand- oder Folienbecken, die einfach auf das Gelände gestellt werden und in die man über eine Leiter gelangt. Solche Becken erfüllen ihren Zweck, sind aber kaum ein Gewinn für ein attraktives Umfeld des Hauses. Zudem kann der Einstieg für nicht mehr so bewegliche Menschen beschwerlich sein. Für diese Schwimmbecken sprechen die niedrigen Kosten und – in bestimmten Situationen – der Umstand, dass man sie leicht wieder abbauen kann.

72.3: Mit etwa 4 mal 10 Metern ist dies ein wirkliches Schwimmbecken. Es befindet sich im Garten des Hauses der Abb. 84.4 – 84.8. Einblicke von außen werden durch eine das Grundstück umschließende Wand verhindert. (HBH Architekten)

72.4: Grundriss zu 72.5. Hinter der Garage verbirgt sich das Schwimmbad (→ 78.6 und 78.7). Die Holzterrasse erstreckt sich über die gesamte freie Grundstücksfläche. Das erspart die Gartenarbeit.

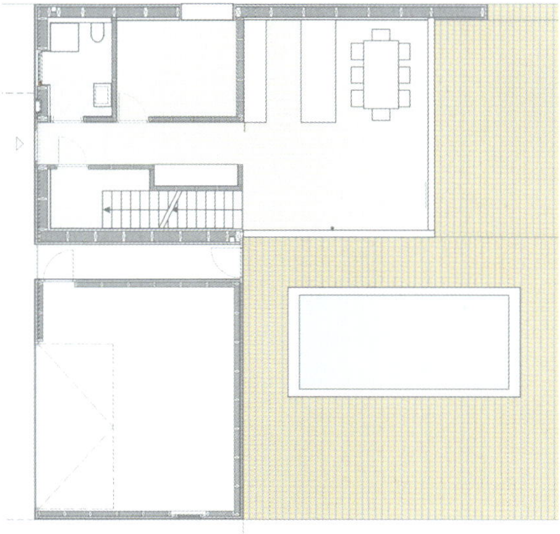

72.5: Nützlich ist die zumindest teilweise Einfassung des Schwimmbeckens mit einer befestigten Fläche (aus Holz oder Stein). Das hilft, die Füße und damit auch das Wasser sauber zu halten. (Arch.: Schroetter-Lenzi)

73 Haus am Wasser

73.1: Wasser beherrscht das Gelände. Die Wege führen durch oder über das Wasser. Selbst die Rasenfläche (→ 73.2) ist Uferfläche. (Arch.: Volker Schwab)

Grundstücke am Wasser sind sehr begehrt und folglich entsprechend rar. Doch wo kein Wasser ist, kann man es sich verschaffen, nicht indem ein Wasserbecken in den Garten gesetzt wird, sondern indem Flächen mit Wasser in den Entwurf des Hauses integriert und damit Teil des Raumprogramms werden.

Noch intensiver wird die Auseinandersetzung mit dem Wasser, wenn es wie ein natürliches, durch den Standort gegebenes Gewässer behandelt wird, so wie das der Architekt des hier vorgestellten Hauses getan hat. So gibt es zwei Ufer, die bebaut werden können, dann geht es um Begrenzung, Überbrückung, Blicke auf und über die Wasserflächen. Dabei wird vermieden, die Illusion eines natürlichen Gewässers zu erwecken.

73.2: Am Wasser gebaut, so wie an einem Bach oder Kanal, der sich durch den Ort zieht. So sieht der Entwurf die Wasserfläche: Er besetzt die beiden Ufer und überbrückt sie. Das Wasser bleibt das bestimmende Element, es setzt die Grenzen.

Gartenbewässerungsanlage 74

Der Garten spendet Freude, ist Ort der Erholung, und für viele ist die Gartenarbeit liebste Freizeitbeschäftigung. Nur eines ist bei den wenigsten beliebt: das Gießen.

Jeder Quadratmeter bepflanzter Fläche benötigt je nach Art der Pflanzen zwischen zehn und dreißig Liter Wasser pro Woche. Zehn Liter sind in etwa eine Gießkanne. Nun ist davon auszugehen, dass nahezu jeder für größere Rasenflächen Beregnungsanlagen verwendet, die zeitgesteuert das Rasensprengen zuverlässig erledigen. In der Regel geschieht das mit Schlauchanschluss an das Trinkwassernetz. Für alles, was sonst im Garten gedeihen soll, ist Handarbeit gefragt: entweder mit dem Gartenschlauch oder mit der Gießkanne. Das kann man sportlich sehen und als Fitnesstraining verbuchen, doch für manchen stellt sich die Aufgabe als recht mühsam dar, und zeitraubend ist sie allemal. Zudem bleibt die Frage, wer gießt, wenn Sie Urlaub machen? Die Antwort: eine automatische Bewässerungsanlage. An die sollten Sie bereits bei der Anlage Ihres Gartens denken. Alles, was hierfür in der Erde verschwinden soll, lässt sich jetzt am einfachsten und kostengünstigsten erledigen. Ein nachträglicher Einbau ist zwar immer möglich, macht aber, wenn man keine sichtbaren Leitungen im Garten möchte, vieles von dem kaputt, was sich über Jahre entwickelt hat.

Bei modernen Bewässerungssystemen ist an alles gedacht: Sie prüfen die Bodenfeuchtigkeit, regulieren die Wassermenge, nutzen die Zeiten, in denen die Verdunstung, also der Wasserverlust beim Gießen, am geringsten ist. Und sie stoppen das Gießprogramm, wenn es zu regnen beginnt. Die Anlagen sind nahezu unsichtbar und stören die Nutzung des Gartens nicht. Die Beregnungsköpfe sind in den Boden versenkt und heben sich nur zum Bewässern. Sie behindern also auch nicht beim Rasenmähen.

74.1: Wer Rasen hat, hat auch eine Beregnungsanlage; seltener werden die Vorzüge einer Bewässerungsanlage für den übrigen Garten genutzt. (Gerd Evers GmbH)

Automatische Bewässerungsanlagen sparen auch Wasser. Für eine bepflanzte Gartenfläche von nur 200 Quadratmetern werden für einmaliges Gießen mindestens 2.000 Liter Wasser benötigt, es kann aber auch die doppelte Menge sein. Durch falsches Gießen und Gießen zur falschen Zeit gehen durch Verdunstung bis zu 40 Prozent verloren. Bewässerungsanlagen vermeiden solche Verluste und machen sich dadurch über die Zeit bezahlt.

Besonders wirtschaftlich wird eine solche Anlage, wenn sie aus einer Regenwasserzisterne gespeist wird. Nur wenn das Regenwasser nicht ausreicht, wird Trinkwasser verbraucht.

75 Regenwassernutzung

75.1: Wer keine Erfahrung mit Gärten hat, unterschätzt die Wassermengen, die zum Erhalt des Grüns benötigt werden. (Quelle: Thomas Hupf Gartenbau)

Sauberes Trinkwasser ist in vielen Teilen der Welt ein kostbares und knappes Gut. Auch in Deutschland gehen die Kosten für Wasser und Abwasser tendenziell nach oben. Dabei könnte viel Trinkwasser eingespart werden, wenn Verbraucher wie Toilette oder Waschmaschine mit Regenwasser versorgt würden. Denn nur ein Bruchteil der täglich verbrauchten Menge von durchschnittlich etwa 120 Litern pro Person wird tatsächlich zum Kochen und Trinken verwendet.

Eine Regenwassernutzungsanlage macht den zumeist über das Dach gesammelten Niederschlag als Brauchwasser für den Haushalt nutzbar. Zur Anlage gehören ein Wasserspeicher aus Beton oder Kunststoff, ein Rohr- und Filtersystem und eine möglichst effiziente Pumpe. Der Regenwasserspeicher kann im Keller oder außerhalb im Erdreich des Gartens aufgestellt werden. Die Tanks müssen aus lichtundurchlässigem Kunststoff bestehen, damit eine Algenbildung im Tank vermieden wird, und der Speicher muss mit einem Überlauf ausgestattet sein.

Bei langen Trockenperioden muss der Speicher mit Trinkwasser aufgefüllt werden können. Es darf keine Verbindung zwischen der Regenwasser- und der Trinkwasserinstallation bestehen. Die Anlage muss fachgerecht installiert und vor Inbetriebnahme beim Wasserversorger und beim Gesundheitsamt angemeldet werden.

Die Kosten einer solchen Anlage liegen bei mindestens 3.000 bis 5.000 Euro. Es gibt aber auch eine kostengünstige Variante. Wird das Regenwasser nur zur Gartenbewässerung genutzt, genügen im Wesentlichen eine Zisterne (im einfachsten Fall die Regentonne) und eine Pumpe. Es entfällt die aufwendige Installation im Haus. Bei entsprechend großem Speicher könnte in unseren Breiten der Gießwasserbedarf der meisten Hausgärten mit Regenwasser gedeckt werden. Pro Quadratmeter Dachfläche kann mit einem jährlichen Ertrag von – je nach Standort – mindestens 400 bis 700 Litern je Quadratmeter Dachfläche gerechnet werden. Damit können 7 bis 12 Quadratmeter Gartenfläche bewässert werden. Da die Größe der Speicher meist auf wenige Kubikmeter beschränkt ist – als Faustformel gelten 1 Kubikmeter je 25 bis 40 Quadratmeter Dachfläche – wird in Trockenperioden der Verbrauch von Trinkwasser nicht zu vermeiden sein. Dennoch wird sich die Anlage über die Zeit lohnen.

Möglicherweise wird die Einrichtung einer Regenwasseranlage durch Land oder Kommune gefördert. Auch kann sich der Betrieb einer solchen Anlage günstig auf die Abwassergebühren auswirken.

Arch.: Fuchs, Wacker
Ums Haus herum

76 Überdachter Freibereich

Eine Terrasse gehört heute zu jedem Haus. Das Wohnen im Freien hat Konjunktur, vorausgesetzt, das Wetter spielt mit. Vor praller Sonne können eine Markise, ein Sonnensegel oder ein Schirm schützen. Gegen Regen und Wind hilft das nicht. Alle üblichen beweglichen Schutzeinrichtungen versagen bei starkem Wind.

Sicherheit bieten hier nur eine feste Überdachung, die Terrasse unter einem (großen) Balkon oder die Ausbildung einer Loggia. Ein derart geschützter Freibereich verlängert die Saison im Freien. Je nach Ansprüchen und Notwendigkeit kann ein solcher Freiraum zeitweise auch mit Schiebe- oder Klappelementen teilweise oder ganz geschlossen werden. Aber: Je höher die Ansprüche, desto höher die Kosten. Sie sollten deshalb gründlich überlegen, was häufig und was nur selten gebraucht wird. Besonders aufwändig sind bewegliche Dachelemente. Sie erfordern regelmäßige Wartung und Pflege.

Eine feste, geschlossene Überdachung der Terrasse kann die Lichtverhältnisse im Raum dahinter beeinträchtigen. Soweit nicht zusätzliche (z. B. seitliche) Fenster vorhanden sind, kann die Belichtung durch zusätzliche Raumhöhe verbessert werden. Um zu vermeiden, dass hierfür das ganze Geschoss mit dieser Höhe ausgeführt werden muss, wird häufig der Wohnbereich um zwei oder drei Stufen abgesenkt, sodass die Decke darüber über das gesamte Geschoss durchlaufen kann.

76.1: Man könnte ihn als »Außenhaus« bezeichnen, den Raum, der durch das verlängerte Dach und die begrenzenden Stützen gebildet wird. Gewonnen wird ein geschützter Platz im Freien und Schutz vor zu starker Sonneneinstrahlung im Sommer. Der Steg am Haus bindet alle Räum des Erdgeschosses an die Terrasse an. Zwei Stufen bilden die Absenkung des Wohnbereichs ab, die größere Raumhöhe und eine verbesserte Belichtung schafft. (HBH Architekten)

76.2: Auch bei diesem Haus (→76. 1) bilden das vorspringende Dach und ein die Ebenen des Hauses nachzeichnendes massives Tragwerk Außenräume: das Untergeschoss erhält eine ans Gelände anschließende Loggia, …

76.3: … das Erdgeschoss einen überdachten Balkon, jeweils über die gesamte Hausbreite. Alle Geschosse genießen den großartigen Ausblick ins Tal. Das vortretende Dach ist zugleich baulicher Sonnenschutz gegen die hochstehende Sommersonne. (Arch.: architectoo)

76.4: Das auskragende Obergeschoss bildet eine Überdachung für die Freibereiche vor dem unteren Geschoss. (Arch.; architectoo)

76.5: Neben den an der Fassade liegenden Wohnbereich schließt ein als Loggia ausgebildeter Freibereich an. Hier kann man im Schatten oder vor Regen geschützt den prächtigen Ausblick genießen.

77 Mobiler Wetterschutz

77.1: Der holzbekleidetete, eingeschossige Riegel schließt das Grundstück über die gesamte Breite hin zur Straße ab. Hier befinden sich Nebenräume wie Speisekammer, WC und Gästezimmer. Der den Riegel übergreifende, weiß verputzte zweigeschossige Baukörper birgt im oberen Geschoss hin zur Straße den Schlafbereich der Eltern. (Arch.: Volker Schwab)

Den Freisitz auf der Terrasse jederzeit mit einem Dach gegen Regen schützen zu können, und das auch, wenn der Wind etwas stärker bläst, diesen Wunsch hat sich der Bauherr des hier vorgestellten Hauses sehr konsequent erfüllt. Wie schon an anderer Stelle gesagt, sind bewegliche Überdachungen, die Wind und Wetter standhalten, recht teuer und oft auch anfällig für Störungen. So hat man hier einen anderen Weg beschritten:

Nicht die Dachelemente sind beweglich, sondern das gesamte, auf einem tragenden Stahlrahmen montierte Dach. Auf verdeckten Rollen lässt sich die Konstruktion auf Laufschienen hin- und herschieben. Das ist unkompliziert und nicht störanfällig, da die am Boden verlaufende Schiene leicht von Hindernissen freigehalten werden kann.

77.2: Zum Garten liegen im Obergeschoss die Kinderzimmer. Darunter öffnet sich der Wohn- und Essbereich über die große Holzterrasse ins Freie.

77.3: Eine große Holzterrasse erweitert den Wohnbereich ins Freie. Um nicht bei jedem Schauer ins Haus flüchten zu müssen, wurde eine mobile Terrassenüberdachung erfunden.

77.4: Die Dimensionen des Terrassendachs korrespondieren mit der Teilung der Fassadenverglasung. An die richtige Stelle geschoben, wirkt es wie ein festes, starres Bauteil. Man kommt nicht auf die Idee, dieses Element könnte beweglich sein.

78 Garage und Carport

Garagen und Carports sind nicht selten Stiefkinder der Planung. Das ist vor allem dann der Fall, wenn sie seitlich oder vor dem Wohnhaus als eigenständige Nebenanlagen erstellt werden dürfen. Ist das Baubudget knapp bemessen oder stehen andere Wünsche hinsichtlich Ausstattung oder Einrichtung auf der Kippe, dann wird die Herstellung von Garagen oder Carports schnell auf später verschoben. Damit entgleitet die Ausführung dieser Anlagen der Planung des Architekten, was dann auf Dauer sichtbar ist.

Als Bauherr sollten Sie verstehen, dass sich die Planung nicht auf das Gebäude selbst beschränken darf, sondern dass sie die Gestaltung des gesamten Grundstücks einbeziehen muss, um als gelungen gelten zu können. Garagen und Carports sind deshalb – wie auch andere Nebenanlagen und die Freianlagen – als nicht abtrennbarer Teil der Bauaufgabe zu betrachten und zu behandeln. Geplant und gebaut wird nicht ein Haus, sondern ein Anwesen.

78.2: Die vom Haus abgesetzte Garage nimmt dessen Formensprache samt Materialien und Farben auf. Man sieht: das gehört zusammen. (Hörmann)

78.1: Wird die Garage nachträglich errichtet, dann ist Eigenständigkeit besser als Anbiederung: Das zeigt der auf zwei Scheiben und eine Stütze reduzierte Carport. Die eingebaute Holzkiste dient als Abstellraum (Arch.: Schroetter-Lenzi)

78.3: Der Carport tritt leicht vor das Haus und umfasst den Hauseingang. So werden Haus und Carport zur Einheit. (Kampa/Platz Haus 21)

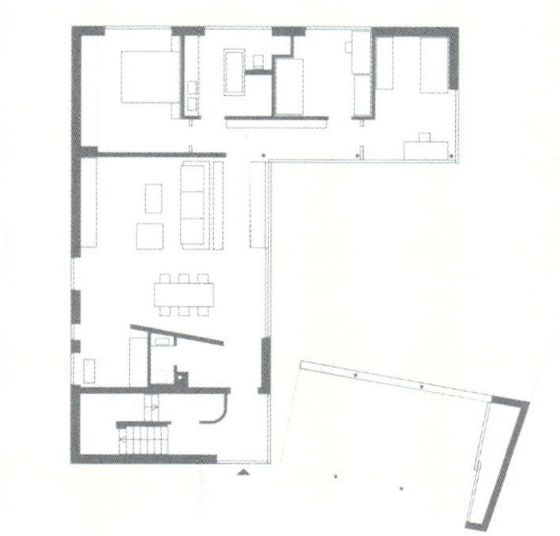

78.4: *Der Carport grenzt das Grundstück zur Straßenseite hin ab. Damit wird der Gartenbereich dreiseitig eingefasst und zum geschützten Raum.*

78.5: *Die Konstruktion des Carports mit den zierlichen Stahlrohrstützen lässt die Leichtigkeit der Bauten der 50er-Jahre aufleben. Hier ist der Carport kein Anbau, sondern notwendiger Bestandteil des Hauses. (baurmann.dürr Architekten)*

Garagen und Carports bieten die Chance, Teile des Grundstücks als Vorplätze, Durchgänge oder Höfe zu fassen und zu formen (→ 78.2 und 3) und so die Aufenthaltsqualität dieser Flächen zu erhöhen. Und sie können mit anderen Nutzungen, wie Kellerersatzräumen oder Freisitzen kombiniert werden (→ 78.2 und 78.3).

78.6: *Die Garage schließt den Garten zur Straße hin vollständig ab. Ein Durchgang ermöglicht den direkten Zugang von der Straße.*

78.7: *Mit großzügiger Geste des Vordachs nimmt das Haus die Garage »unter seine Fittiche«. Und die einheitliche Fassadenbekleidung macht aus der Nebenanlage Garage einen gleichwertigen Teil des Hauses. (Arch.: Schroetter-Lenzi)*

79 Unterkellerte Garage

Vielen Bauherren ist ein Keller unverzichtbar. Doch der Bau eines Untergeschosses ist teuer und der damit gewonnene Keller häufig viel zu groß. Auch eine Teilunterkellerung ist zumeist keine echte Alternative, denn sie ist unverhältnismäßig teuer und erfordert zusätzliche Maßnahmen bei der Gebäudestatik.

Unter bestimmten Umständen ist die Unterkellerung einer Garage ein guter Kompromiss. Das ist vor allem in Hanglagen der Fall, wenn für die Gründung der Garage große Höhen zu überwinden sind (→ 79.1 und 79.2). Doch auch bei ebenem Gelände kann es wirtschaftlicher sein, eine neben dem Wohnhaus zu errichtende Garage zu unterkellern.

In all diesen Fällen muss man aus dem Haus, um in den Keller zu gelangen. Das mag man als Nachteil ansehen; dem entgegen steht aber der große Vorteil, dass man sich bei dieser Lösung keine Gedanken über die wärmetechnische Trennung von Keller und Erdgeschoss machen muss und sich den hierfür erforderlichen großen baulichen Aufwand erspart.

Die Hersteller von Fertiggaragen haben sich auf eine zunehmende Nachfrage eingestellt und führen Komplettgaragen mit Keller in ihrer Produktpalette.

Folgendes sollte beachtet werden:

- Der Keller muss belüftet sein, am besten durch zwei gegenüberliegende Öffnungen (Querlüftung).
- Außenliegende Treppen als Zugang zum Keller sind zu vermeiden, da hier eine Entwässerung vor der Kellertüre notwendig ist.
- Der Kellerabgang muss den Transport auch größerer Gegenstände ermöglichen. Ersatzweise kann eine ausreichend große Luke im Garagenboden vorgesehen werden. Diese muss befahrbar sein oder außerhalb des Fahrbereichs liegen.

79.1: Die alte Garage war abbruchreif. Eine normale Gründung für die neue Garage hätte die Höhe eines Geschosses nahezu erreicht. So fiel die Entscheidung leicht, die neue Garage zu unterkellern, zumal damit ein Abstellraum für Fahrräder und Gartengeräte gewonnen wurde.

Es ist grundsätzlich von Vorteil, wenn zwischen Garage und Keller keine direkte Verbindung besteht. Diese kann aber auch besonders erwünscht sein, z. B., wenn jemand gern an alten Autos schraubt. Dann kann eine abdeckbare Grube hergestellt werden, von der aus das Auto von unten begutachtet werden kann. Anstelle einer Garage können selbstverständlich auch andere Nebengebäude unterkellert werden. Mancher Bauherr schätzt einen separaten Bau für die Einrichtung einer Werkstatt, für das Hobby oder für die Verwahrung von Gartenmöbeln und -geräten. Sind solche Nebengebäude ohnehin geplant, bietet sich deren Unterkellerung als kostengünstige Alternative an. Das wird sich finanziell selbst dann lohnen, wenn ein solcher Bau vor allem wegen des Kellers errichtet wird und die Ansprüche an die Ausführung des Nebengebäudes nicht zu hoch sind.

Der Unterkellerung von Garagen und Nebenanlagen wird in der Regel seitens der baurechtlichen Bestimmungen nichts entgegenstehen. Geht es hinsichtlich des Maßes der baulichen Nutzung des Grundstücks beengt zu, kann das zusätzliche Bauvolumen jedoch Probleme machen. Das ist vor allem dann zu beachten, wenn die Garage oder das Nebengebäude nachträglich erstellt werden sollen.

79.2: Ein großer Keller war nicht nötig, deshalb genügte die Unterkellerung der Garage, zugänglich über die Treppe in der Garage. Vorteilhaft: Der unbeheizte Keller und das beheizte Haus haben keine direkte Verbindung.

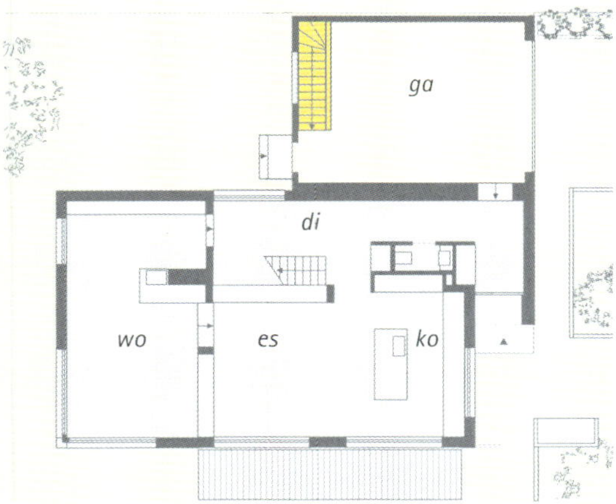

79.3: Der Garagenbau tritt vor das Haus und umfasst den dem Haus vorgelagerten Eingangsbereich. Die gemeinsame Fassade lässt nicht erkennen, was dahinter steckt. (baurmann.dürr Architekten)

80 Garage im Haus

Die Bebaubarkeit eines Grundstücks wird durch das Baurecht beschränkt. Häufig sind Grundstücke so bemessen, dass ein Haus marktüblicher Größe darauf erbaut werden kann. Garagen als eigenständige bauliche Nebenanlagen werden in der Regel in dafür vorgesehenen Bereichen der Grenzabstände des Hauses errichtet und nicht in das zulässige Maß der baulichen Nutzung eingerechnet. Wäre dem nicht so, würden Garagen häufiger in das Wohngebäude integriert. Das wäre in vielen Fällen wirtschaftlicher als ein separater Bau, denn 30 Quadratmeter größer zu bauen ist kostengünstiger als diese Fläche als eigenständigen Bau zu errichten.

Es gibt aber auch Grundstücke, bei denen die Garage ohne Nachteil für die bauliche Ausnutzung ins Haus integriert werden kann oder bei denen dies begünstigt oder vorgeschrieben ist, so wie das häufig bei Reihenhäusern der Fall ist. Und es gibt Grundstücke, deren Hanglage und die Lage zur Straße es nahelegen, Garagen im Untergeschoss oder – in selteneren Fällen – in einem Obergeschoss oder auf dem Dach vorzusehen (80.3 bis 80.5).
Mit Fahrzeugen befahrbare Geschosse und Dächer sind besonderen, sogenannten dynamischen Belastungen (z. B. durch Bremsen und Anfahren) ausgesetzt, die auch besondere Maßnahmen zur Sicherung der Statik des

80.1: Die offene Garage ist ins Hauses integriert. Hierfür ist ein Teil des Untergeschosses ausgespart. Wichtig: Die den Carport zum Keller abgrenzende Wand ist eine Außenwand; für die Decke gelten erhöhte Anforderungen an die Wärmedämmung. (Arch.: Becher+Hatzijordanou)

80.2: Längsschnitt durch das Haus

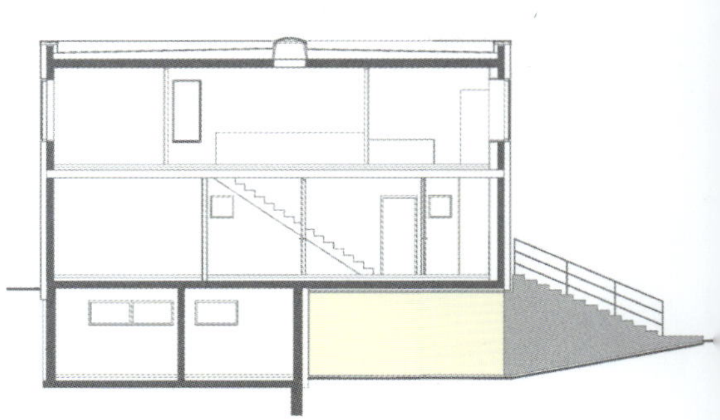

80.3: Bei von oben erschlossenen steilen Hanggrundstücken wird die Garage auf der obersten Ebene des Haus untergebracht… (Seite 141)

80.4: … Das kann versetzt geschehen oder, wenn wie hier tiefer in den Hang gebaut wird, tatsächlich auf dem Dach des Hauses. Von der Straße aus ist das Eingangsgeschoss mit der Garage zu sehen, das Wohnhaus folgt dann dem Hang.

Hauses erfordern. Der Aufwand steigt mit der Geschosszahl. Deshalb kann es sinnvoll sein, den Garagenbau vom Wohngebäude abzukoppeln.

Ein weiteres Beispiel eines Hauses mit der Garage in einem oberen Geschoss wird mit der Abb. 15.1 vorgestellt. Hier befindet sich die zur Straße hin ebenerdige Garage im Wohngeschoss, über dem Geschoss mit den Schlaf- und Kinderzimmern.

80.5: Die Architekten nutzten die Chancen des Geländes : Über drei Ebenen folgt das Haus dem Hang nach unten. Der Zugang und die Zufahrt erfolgt von oben. (Arch.: Fuchs+Wacker)

81 Zufahrt

Die Zufahrt bzw. der Zugang zum Haus, also der Weg von der öffentliche Straße über Ihr Grundstück hin zum Eingang, ist so etwas wie eine Visitenkarte. Zwar ist wohl jeder Bauherr bemüht, hier einen guten Eindruck zu machen, doch häufig wird dies zu spät bedacht. Aus vermeintlich gutem Grund: Der Außenbereich wird erst gerichtet, wenn das Haus weitgehend fertig und die Hinterlassenschaften der Bauarbeiten verschwunden sind. Und so werden die Entscheidungen den Freibereich betreffend gern nach hinten verschoben.

Haus und Freianlagen werden zusammen wahrgenommen, sind also eine Einheit. Deshalb sollte es keine Rangfolge geben, bei der insbesondere der Zugang zum Haus ins Hintertreffen gerät. Der Zugang zum Haus sollte vielmehr fester Bestandteil der gesamten Planung und Realisierung sein. Anderenfalls werden die Chancen für eine ganzheitliche architektonische Lösung vergeben, oder diese wird zumindest erheblich erschwert.

81.1: Die Zufahrt soll Spielfläche sein. Deshalb Pflaster, Steine und ein Baum. (Arch.: M. Vonhoegen)

Gerne sehen Bauherrn in den Außenanlagen ihren finanziellen Spielraum: Wird das Geld

81.2: Mit einem Tor wird eine scharfe Grenze zwischen Öffentlich und Privat gezogen. Dahinter schafft es Sicherheit und Geborgenheit. (Arch.: Florian Braun) ▸▸

81.3: Der Weg vom Tor bis zum Haus ist mit Split belegt und nur durch die Graskanten geführt. Diese »naturnahe« Gestaltung endet am Haus. ▸

81.6: Aufwertung eines Hauses durch Neugestaltung der Zufahrt. (Arch.: Humperdinck)

81.7: Eine Wandscheibe und Steelen grenzen zum Nachbarn ab, doch es wird nicht dicht gemacht.

knapp, kann man hier am leichtesten sparen und Arbeiten auf später verschieben. Das ist sachlich richtig, für das Bild, das man mit dem Architekten geschaffen hat, aber fatal. Denn dieses Bild wird nun – oft auf Dauer – gestört, wenn nicht zerstört. Es ist besser, hierfür eine bezahlbare, gleichwohl attraktive Variante zu entwerfen, als eine aufwendige, die möglicherweise das Baubudget sprengt.

81.4: Die Fläche vor dem Haus ist über die Hauslänge mit großformatigen Natursteinplatten belegt. Der artifizielle Belag tritt in einen Gegensatz zum natürlichen, markiert so den bebauten Bereich des Geländes. ◂◂

81.5: Man könnte ihn fast übersehen, so beiläufig bietet das Haus den Zutritt an. ◂

82 Schutz der Privatsphäre

Vielen Bauherren ist der Schutz ihrer Privatsphäre sehr wichtig – und das gilt nicht nur für das Haus, sondern auch für die das Haus umgebenden Freibereiche. Ein Haustyp, der das besonders gut leistet, ist das Atriumhaus. Dieser Haustyp kann aber infolge veränderter Planungsvorgaben nur noch selten realisiert werden. So werden, wo das möglich und erwünscht ist, Freibereiche durch Nebengebäude wie Garagen geschützt und seltener auch mit Zäunen oder Mauern, im Rahmen dessen, was das Baurecht gestattet; denn es ist Ihnen zumeist nicht freigestellt, wie und wo Sie solche baulichen Anlagen errichten.

Oft Grundstücke können diesen Schutz nur eingeschränkt bieten. So muss der Architekt in manchen Fällen zu etwas ausgefallenen Mit-

82.3: Mit der auf die Grundstücksgrenze gesetzten Betonwand distanziert sich das Haus von seiner Umgebung. In die gerahmte Öffnung kann ein beweglicher Sichtschutz eingebaut werden. So werden Ein- und Ausblicke kontrollierbar. (Arch.: architectoo)

82.1: Ein Haus wie eine Burg: Geschosshohe Mauern aus Naturstein umfassen das Haus selbst und die unmittelbar dazu gehörenden Freibereiche, die Garagenzufahrt und auf der anderen Seite den Freisitz. Die Mauern öffnen sich nur – diagonal gespiegelt – an den Freibereichen (Arch.: denzer & poensgen)

82.2: Die Mauern laufen scheinbar am Haus vorbei; wären nicht die Fensteröffnungen, könnte man meinen, das Haus stehe frei innerhalb der Mauern. Auch die Treppe vom Freisitz ins Grüne ist Teil der Mauer.

teln greifen, um der Bauherrschaft das erwünschte ungestörte Für-sich-Sein zu verschaffen.

Den besten Schutz bieten Mauern; sie schützen nicht nur vor Einblicken, sondern auch vor Lärm und Geräuschen. Das ist besonders bei dichter Bebauung wie bei Reihenhäusern von Interesse, wenn es darum geht, das Mithören der eigenen Gespräche wie auch das unfreiwillige Mithören fremder Gespräche zu unterbinden.

82.4: Ein Haus ganz auf sich selbst bezogen. U-förmig nach drei Seiten geschlossen öffnet sich der Bau nur nach einer Seite zur freien Landschaft. Doch selbst diese Öffnung wird nicht weiter beachtet: Die zum Innenhof hin sich öffnenden Räume sind auf das Gegenüber ausgerichtet. So wird das Grundstück zu einem einzigen großen Wohnraum. (Arch.: Architektur+Raum)

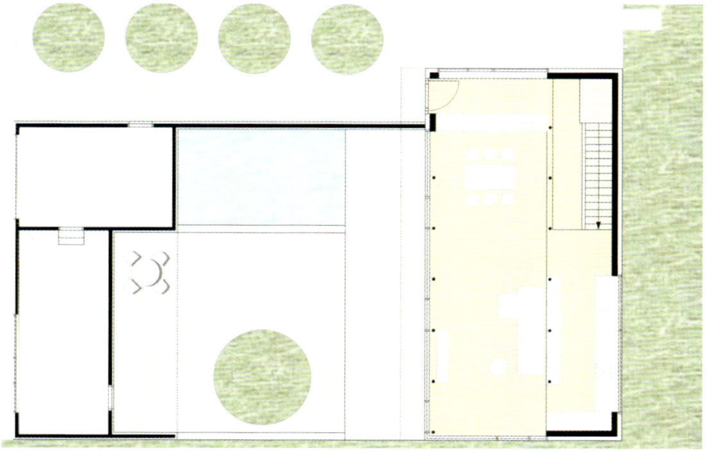

82.5: Grundriss des Hauses der Abb. 82.4. Das Wohnhaus und der gegenüber liegende Bau bilden, verbunden mit einer Wand einen Innenhof. Das Haus tritt ein wenig vor die geschlossene Anlage, um Platz zu schaffen für den Hauseingang.

82.6: Vom Essbereich aus geht der Blick in den intimen Innenhof, der – anders als Terrassen – als Wohnraum im Freien wahrgenommen und auch so genutzt wird.

83 Kellerersatzraum

Es gibt vielerlei Gründe, ein Haus nicht zu unterkellern, so z. B. die Gefährdung durch Hochwasser oder hohe Kosten. Wie auch immer: Gibt es keinen Keller, so gibt es auch keinen oder nur wenig Stauraum. Doch den braucht man. Ohne Raum für die Gartenmöbel im Winter, die Skiausrüstung im Sommer, für Fahrräder und für die Dinge, die man nicht jetzt, aber zu einer anderen Zeit braucht oder von denen man sich nicht trennen kann oder mag. Es muss also eine Alternative zum Keller gefunden werden.

Es ist vorteilhaft, diesen Raum nicht ins Wohngebäude zu integrieren, denn da stört er die Grundrissgestaltung und verbraucht zudem wertvolle Wohnfläche. Besser ist es, einen Kellerersatzraum als eigenständiges Nebengebäude an einem geeigneten Platz auf dem Grundstück zu erstellen. Das kann ein sehr einfaches Bauwerk sein, da es lediglich trockenen und geschützten Raum ohne weitere Anforderungen bieten muss. Einfach darf aber nicht heißen, dass hier nicht dieselben gestalterischen Prinzipien verfolgt werden wie beim Hauptgebäude. Vielmehr sollte das Nebengebäude als Chance verstanden werden, ein attraktives Ensemble zu schaffen.

Der Kellerersatzraum hat im Vergleich zum Keller einige Vorteile:

- Er muss nicht die Anforderungen an Wohngebäude erfüllen und kann deshalb kostengünstig erstellt werden.
- Er ist von außen direkt und ohne Treppen zugänglich.

83.1: Die an das Wohnhaus anschließende Doppelgarage mit Kellerersatzraum schirmt das Grundstück zur Straße ab. Das Vordach der Garage schließt mit der Vorderkante des Hauses ab und schneidet in das Wohngebäude ein…

83.2: … Auf diese Weise bildet es zusammen mit Betonstufen und -brüstung einen sehr intimen und geschützten Hauseingang. (Architektur + Raum)

83.4: Der Zugang zum Haus erinnert an enge Dorfgassen und vermittelt Geborgenheit.

83.3: Grundriss zu 83.1 und 83.2. Der Kellerersatzraum bildet mit Garage und Hauseingang einen kleinen Vorplatz.

83.5: Als Kellerersatz dient ein langgestrecktes Nebenhaus, wie ein Schutzbauwerk vor dem Eingang gelegen. Der Bau gegrenzt, verlängert durch eine Mauer, den Weg vom Carport zum Hauseingang. (J2M Jeckel Mayr Metz Architekten)

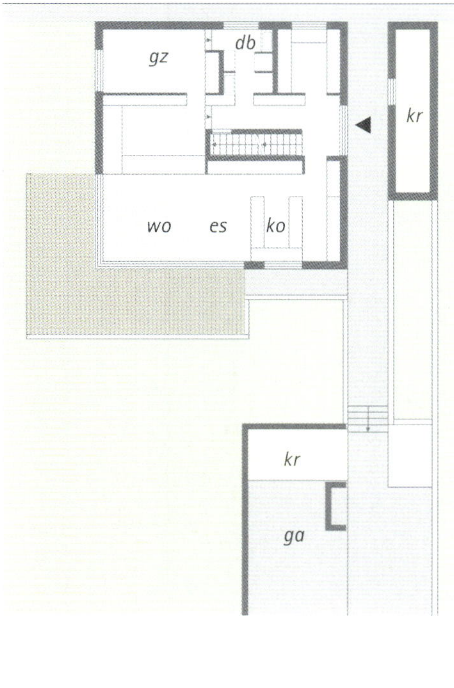

83.6: Der Grundriss zu 83.4 und 83.5 zeigt exemplarisch, wie durch die Einbindung der Nebenanlagen in den baulichen Entwurf eine Gesamtanlage entsteht, die das Grundstück gestaltet und nicht nur ein Haus aufs Grundstück setzt.

- Verschmutzte oder nasse Gegenstände müssen nicht durchs Haus transportiert werden.
- Er bietet wettergeschützte und sichere Einstellplätze für Fahrräder.

Es liegt nahe, mit dem Nebengebäude, eventuell in Verbindung mit einer Garage, einen Eingangsbereich oder eine Art Hof zu fassen. Das ist bei freistehenden oder einseitig angebauten Häusern im allgemeinen leicht zu realisieren, wenn dabei auch oft Vorgaben eines Bebauungsplans zu beachten sind. Anders ist das bei Reihenmittelhäusern; hier können Kellerersatzräume nur vor oder hinter dem Haus angeordnet werden, und das auch nur dann, wenn dies ein Bebauungsplan vorsieht.

Ist eine Garage oder ein Carport geplant, so kann der Kellerersatzraum seitlich oder im Anschluss daran angeordnet werden.

Umfang und Lage von Garagen und Nebengebäuden sind zumeist durch den Bebauungsplan begrenzt. Häufig müssen diese Bauwerke an eine Grundstücksgrenze angebaut werden. Gibt es keine derartigen Vorschriften, gelten die Regelungen der Baunutzungsverordnung. Manche Bauherren sparen sich die Errichtung der Nebenanlagen für später auf, um das Baubudget zu entlasten. Das sollte aber nicht dazu führen, dass dann die ursprünglich anspruchsvollen Pläne zugunsten schlichter Baumarktprodukte aufgegeben werden. Es ist recht unsinnig, beim Bau des Hauses Gestaltung groß zu schreiben, um den Erfolg dann so zunichte zu machen.

83.7: Der Carport mit zwei Stellplätzen wird mit einem Kellerersatzraum seitlich abgeschlossen. Damit wird die dem Wohnbereich vorgelagerte Terrasse zur Straße hin abgeschirmt (→ 46.1). (baurmann.dürr Architekten)

83.8: Ein Abstellraum wie dieser ist auch dann nützlich, wenn es einen Keller gibt. Wer will schon Gartengeräte und Fahrräder in den Keller schleppen?

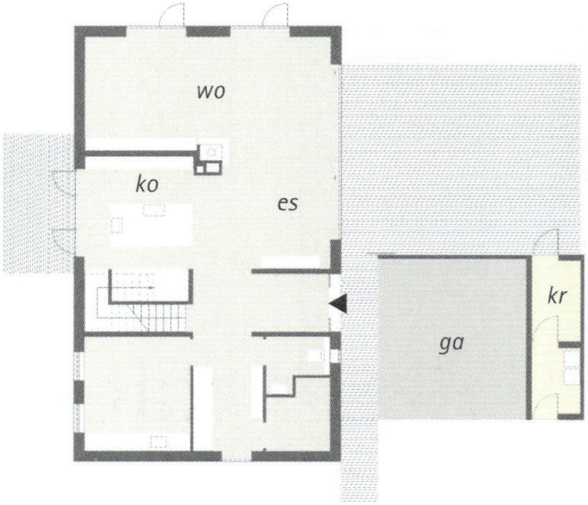

Flexibilität

84 Einliegerwohnung

Eine Einliegerwohnung hat viele Vorteile: Hier können Gäste wohnen, ohne dass sie den Alltag durcheinanderbringen. Für den erwachsenen Sohn oder die erwachsene Tochter hat man eine Bleibe, die ein entspanntes Nebeneinander ermöglicht. Nicht zuletzt kann die Vermietung der Einliegerwohnung einen Beitrag zur Finanzierung des Hauses leisten oder ein willkommenes Zubrot im Alter sein.

Es kann auch sehr angenehm sein, dass das Haus nicht unbewohnt bleibt, wenn man selbst verreist oder anderweitig abwesend ist. Mancher lebt auch nicht gern ganz allein im Haus. Und sollte einmal Hilfe nötig sein, so kann diese im Haus untergebracht werden. Das zahlt sich vor allem dann aus, wenn jemand im Haus der Pflege bedarf. Gerade dieser Aspekt bewegt Bauherren zunehmend, mit Einliegerwohnung zu bauen.

Nun ist das ungestörte Wohnen ohne Rücksichtnahme auf Dritte eines der Hauptmotive, sich ein Haus zu bauen. Dieser Wunsch gerät mit der Entscheidung für eine Einliegerwohnung zur Vermietung in Konflikt. Es wird deshalb darauf ankommen, ob eine Bebauung möglich ist, die ein ungestörtes Nebeneinander der Hausbewohner und der Bewohner der Einliegerwohnung erlaubt. Dazu gehört neben einer guten Schalldämmung zwischen den Wohnungen und der Unterbindung von Sichtbeziehungen vor allem ein separater und möglichst nicht einsehbarer Zugang. Das alles erfordert zusätzlichen Aufwand und in der Regel auch ein ausreichend großes Grundstück.

84.1: Zwei Eingänge hat das auf Seite 159 abgebildete Haus: Im unteren Geschoss gelangt man in ein Gästeapartment, das in eine Einliegerwohnung über zwei Geschosse verwandelt werden kann.

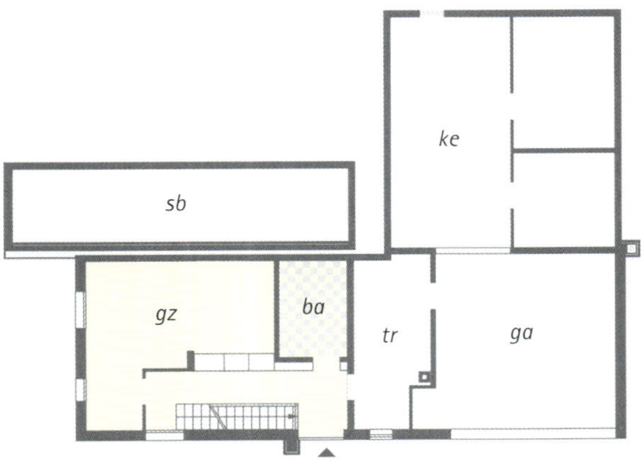

84.2: Der über Außenstufen erreichbare Eingang führt ins eigentliche Wohngeschoss, das sich ebenerdig an das Gartengelände anschließt (→ 70.3 und 71.4). (Arch. Annette Bartsch)

84.3: Der Hauseingang befindet sich im in den Hang gebauten Erdgeschoss. Hier ist eine Einliegerwohnung mit eigenem Eingang eingerichtet.

84.4: Das Hanggeschoss in Betongrau ist klar vom eigentlichen Wohnhaus abgesetzt. Der im Hang liegende Schlafraum und das Bad werden über einen Lichtschacht mit Tageslicht versorgt. (Arch.: Fabi Architekten)

Was ist eine Einliegerwohnung?

»Einliegerwohnung« bezeichnet umgangssprachlich eine zweite, untergeordnete Wohnung in einem Eigenheim. Ursprünglich hießen so Wohnungen in Bauernhöfen, die an die beschäftigten Landarbeiter (die Einlieger) vermietet wurden. Nach dem Zweiten Weltkrieg wurde in der Bundesrepublik der Einbau von Einliegerwohnungen durch gesetzliche Regelungen betrieben, um den Wohnungsmangel zu beheben.

Derzeit hat der Begriff nur noch im Steuerrecht Bedeutung. Danach gibt es Sonderregelungen für nicht abgeschlossene Einliegerwohnungen. Heute werden allerdings fast ausschließlich abgeschlossene Einliegerwohnungen gebaut, die in Größe und Ausstattung auch gehobenen Ansprüchen genügen. In der Regel wird mit diesen Einliegerwohnungen das Eigenheim zum Zweifamilienhaus. Für ein solches gelten, wenn der Eigentümer eine Wohnung selbst nutzt, Erleichterungen hinsichtlich der Kündigung durch den Vermieter (§ 573a BGB).

Sicher kann man hier Abstriche machen, doch muss sich die Bauherrschaft darüber im klaren sein, welche Konsequenzen das für ihr zukünftiges Wohnen haben wird. Wer sich hier zu große Nachsichtigkeit zutraut, der baut sich den zukünftigen Ärger ein, oder die Einliegerwohnung steht leer, was gar nicht so selten vorkommt.

Welcher Teil des Hauses für die Einrichtung einer Einliegerwohnung genutzt wird, hängt hauptsächlich von der Beschaffenheit des Grundstücks ab. Hanglagen bieten den Vorteil, dass mehrere Geschosse über das Gelände zugänglich gemacht werden können. Dabei spielt aber auch die Orientierung des geplanten Hauses eine Rolle. Entscheidend für die Lage der Einliegerwohnung ist, ob und wie es gelingt, diese so zu erschließen, dass die Nutzung der Hauptwohnung dadurch nicht beeinträchtigt wird.

84.5: *Meistens werden Einliegerwohnungen in einem Souterrain oder im Dachgeschoss platziert, also horizontal abgetrennt. Hier dagegen wurde vertikal unterteilt (→ Grundrisse). Die Zweitwohnung ist zu Straße hin orientiert, während sich die Hauptwohnung zum Garten hin öffnet. (HBH Architekten)*

84.6: *Wie der umlaufende Sichtschutz zeigt, war der Bauherrschaft der Schutz der Privatsphäre wichtig. Dementsprechend wurden die Fenster der Zweitwohnung so angelegt, dass Einblicke in den Freibereich der Hauptwohnung weitgehend ausgeschlossen sind.*

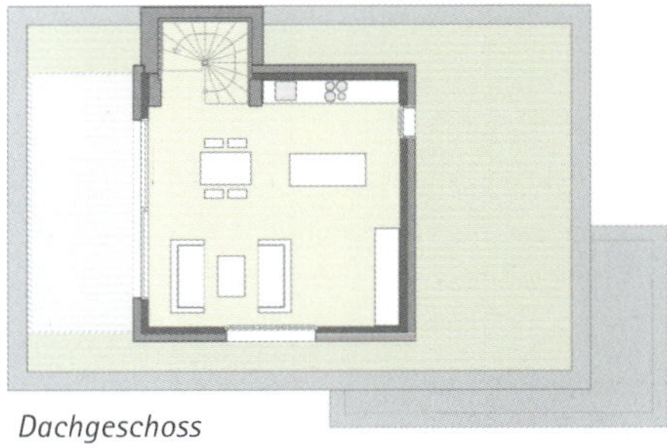

Dachgeschoss

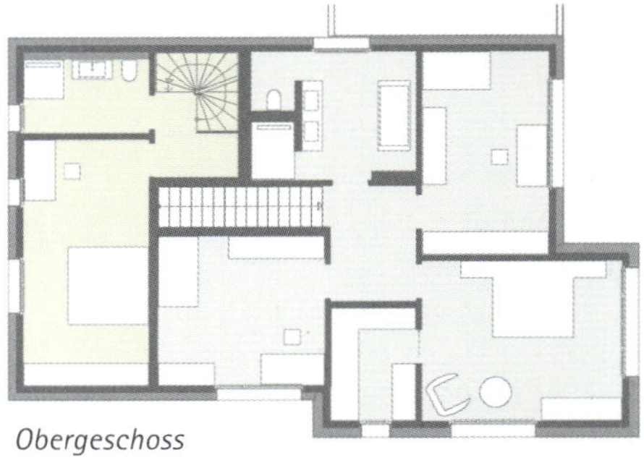

Obergeschoss

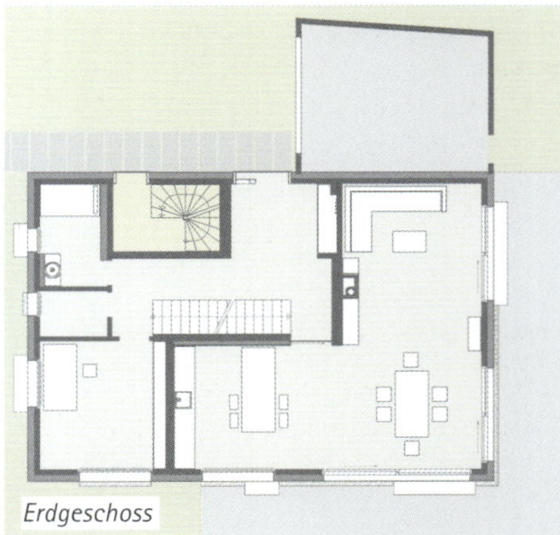

Erdgeschoss

84.7 – 9: *Über ein eigenes Treppenhaus wird eine Maisonette-Wohnung erreicht, die sich über einen Teil des Obergeschosses und über das Dachgeschoss erstreckt, ausgestattet mit einer großzügigen Dachterrasse.*

Außentreppe 85

Die unabhängige Erschließung einer zweiten Wohneinheit ist bei Eigenheimen eine zumeist schwierige Aufgabe. In den seltensten Fällen gibt es ein abgeschlossenes Treppenhaus. Der direkte Zugang von außen wäre die einfachste Lösung; und soll die zweite Wohneinheit im Erdgeschoss oder in einem Souterrain liegen, ist das auch durch Anpassung des Geländes zu realisieren.

Liegt die Zweitwohnung aber in einem Ober- oder Dachgeschoss, dann ist der Zugang über eine Außentreppe die wirtschaftlichste und technisch einfachste Lösung, die aber wenig verbreitet und bei Architekten nicht sehr beliebt ist. Außentreppen sind oft nur schwer in die ästhetischen Konzepte heutiger Entwürfe zu integrieren. Dennoch lohnt es sich, diese Art des Zugangs in die Überlegungen einzubeziehen, wenn es z. B. um eine Einliegerwohnung im Dachgeschoss geht.

Wer die Außentreppe vermeiden will und den entsprechenden Mehraufwand nicht scheut, kann die zusätzliche Treppe nach oben ins Gebäude einbeziehen. Wie das beim nebenstehenden Beispiel aussehen würde, zeigt die Skizze. In der Konsequenz bedeutet das eine Erhöhung des Bauvolumens um etwa 80 Kubikmeter mit einer den Treppenraum zur Hauptwohnung abtrennenden Wand.

85.1: Zwischen Wohnhaus und Carport ist die Treppe zur Einliegerwohnung im Obergeschoss eingeschoben. Sie bietet unabhängigen Zugang von außen.

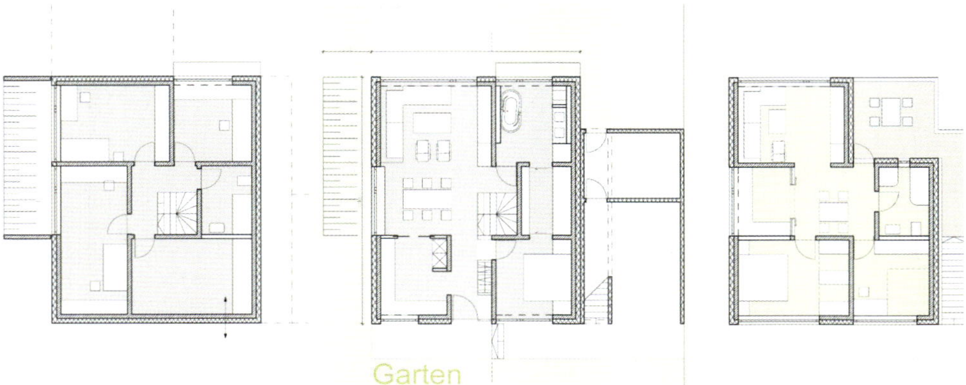

85.2: Die Hauptwohnung erhält durch über eine Innentreppe angebundene Räume im Untergeschoss die erforderliche Wohnfläche. Die Belichtung dieser Räume ist durch eine Abgrabung des Erdreichs gesichert. (Haus-mit-Zukunft Architekten)

86 Das teilbare Haus

Häuser werden meistens für Familien geplant und gebaut, für die Zeit, in der die Kinder heranwachsen und viel Platz nötig ist. Eine Wohnfläche von 120 qm und mehr ist da kein Luxus. Doch diese Zeit endet, wenn die Kinder aus dem Haus sind. Nun ist reichlich Platz, und das genießen die im Haus Verbliebenen. Oft wird nun noch einmal umgebaut; Wünsche, die beim Bau des Hauses unerfüllt bleiben mussten, leben nun wieder auf und werden realisiert. Nur wenige, die nun wieder Bauherren werden, denken daran, dass das große Haus mit fortschreitendem Alter zur Last werden kann, nicht nur, weil viel Arbeit damit verbunden ist, alles in Ordnung zu halten, sondern auch, weil das Haus unbequem und manches darin beschwerlich wird.

Der naheliegende Gedanke, das Haus so umzubauen, dass ein Teil davon anders genutzt werden kann, kommt nur wenigen in den Sinn. Ebenso wenig der Gedanke, das alte Haus zu verlassen und eine den geänderten Lebensumständen adäquate Wohnung zu beziehen. Die weitaus meisten Eigenheimbewohner wollen im Alter da bleiben, wo ihre Vergangenheit zuhause ist. Das könnte bei Ihnen auch so sein, deshalb sollten Sie bereits beim Bau des Hauses daran denken und so planen, dass spätere Veränderungen mit geringem oder zumindest vertretbarem Aufwand möglich sind.

Im Prinzip geht es dabei darum, das Haus so zu konzipieren, dass ein Teil – vorzugsweise das Erdgeschoss – selbst weitergenutzt und der Rest des Hauses zu einer eigenständigen Wohnung wird. Das Erdgeschoss hat den Vorteil, dass Treppen vermieden werden. Als nachteilig kann die direkte Anbindung an den Außenbereich, insbesondere den Garten, und der damit verbundene Pflege- und Unterhaltungsaufwand angesehen werden.

Oft wird auf die Einliegerwohnung mit Rücksicht auf den zusätzlichen finanziellen Aufwand verzichtet. Und in vielen Fällen gibt

86.1: So vorsorglich wird selten gebaut: Das Haus hat zwei Hauseingänge und zwei Treppenhäuser, kann also als Zweifamilienhaus genutzt werden.

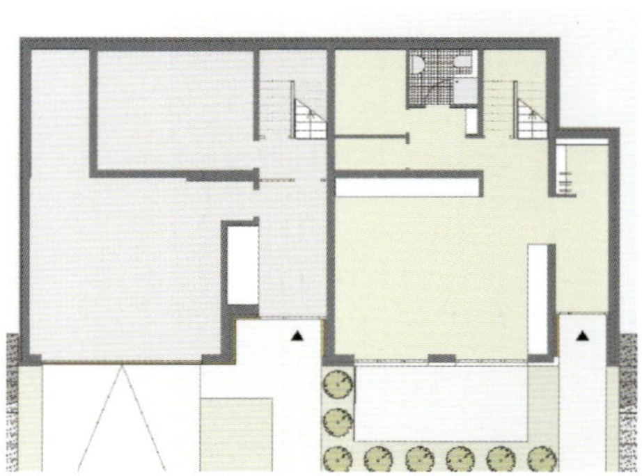

86.2: Grundriss Ebene 2

auch die zulässige bauliche Ausnutzung des Grundstücks die zusätzliche Wohnfläche nicht her. Doch beide Hinderungsgründe können umgangen werden, wenn die Einliegerwohnung nicht zusätzlich zur eigenen Wohnung erstellt wird, sondern als Teil der Hauptwohnung geplant wird.

Dazu sind besondere Vorkehrungen bei der Auslegung der Grundrisse zu treffen, wie z. B. die getrennte Zugänglichkeit der späteren Einliegerwohnung. Es sind auch Vorleistungen für das Bad und die Anschlüsse für eine Küchenzeile erforderlich, doch halten sich die Kosten dafür in Grenzen, zumal es Ihnen überlassen bleibt, was bereits fertiggestellt und was nur vorgerichtet wird.

Die für die Einliegerwohnung vorgesehenen Flächen werden – solange die Familie komplett ist – als Teil der Wohnung genutzt. Später dann, wenn die Kinder teilweise oder ganz aus dem Haus sind, werden diese Flächen zur Einliegerwohnung umgebaut.

86.5: Auf dem schönen Hanggrundstück in Bochum-Stiepel mit Blick ins Ruhrtal sollte ein Einfamilienhaus errichtet werden, das flexibel auf die Bedürfnisse der Bewohner über die gesamte Nutzungsdauer reagieren kann. Es wurde ein Konzept entwickelt, nach dem zwei Räume und ein Bad im Balkongeschoss durch geringste bauliche Eingriffe einzeln der Hauptwohnung oder der Einliegerwohnung zugeschaltet werden können.
Der Plan hat sich bestens bewährt: Inzwischen hat sich das Haus der gewachsenen Familie immer wieder angepasst. (Arch.: Hummert-Architekten)

86.3: Grundriss Ebene 1

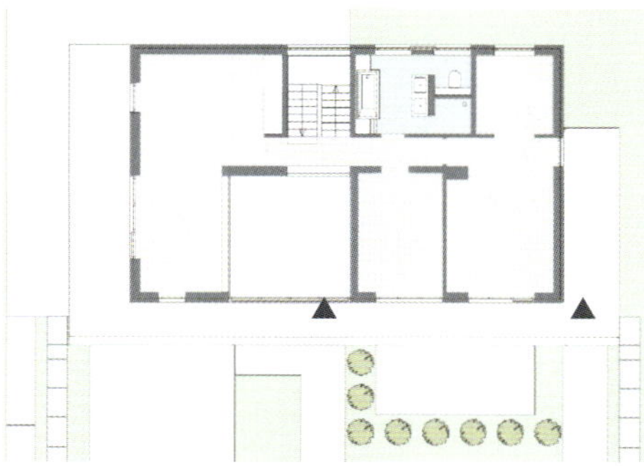

86.4: Grundriss Ebene 0

87 Haus ohne Treppen

Was soll das für eine Idee sein? Häuser ohne Treppen gibt es doch seit eh und je. Ja, das ist richtig, wenn man an Bungalows und andere eingeschossige Häuser denkt. Hier geht es aber um ein mehrgeschossiges Haus. Und dann klingt die Idee zunächst verrückt. Ist sie aber nicht. Dass das funktionieren kann, beweist ein Einfamilienhaus in Kempten.

Hier hat ein Architekt die Hanglage eines Grundstücks geschickt genutzt und ein Haus entworfen, in dem man ausschließlich per Aufzug von Ebene zu Ebene gelangt. Das ist aus Sicherheitsgründen nur dann zulässig, wenn jede Ebene einen direkten Ausgang (als Fluchtweg) ins Freie hat, was in steilen Hanglagen recht einfach zu bewerkstelligen ist. Dennoch gehört zu dieser Entscheidung ein mutiger Bauherr, der den Verzicht auf Treppen trägt, eine Entscheidung, die stark in den Wohnalltag einwirkt, und das auf Dauer.

87.1: Ein Haus ohne Treppen: Die Hanglage ermöglicht den Verzicht. Die Funktion der Treppen übernimmt – platzsparend – ein Aufzug. (Arch.: f64)

Hat man sich aber mit dieser Idee angefreundet, erweist sie sich als äußerst vorteilhaft für die Grundrissgestaltung. Treppen brauchen Platz, einmal für die Treppe selbst und des weiteren für den Zugang zur Treppe. Und das in jedem Geschoss. Das sind bei den heute beliebten einläufigen Treppen mindestens acht Quadratmeter je Ebene, bei drei Ebenen also 24 Quadratmeter. Der Aufzug benötigt pro Ebene vier Quadratmeter, wobei zu berücksichtigen ist, dass der Aufzug nicht zu knapp bemessen sein darf, da hier auch Möbel transportiert werden müssen. Es werden somit rund 10 Quadratmeter Wohnfläche gespart.

Die Erschließung nur durch den Aufzug hat einen weiteren Vorteil: Auf diese Weise gelingt die vollständige Abtrennung der Ebenen, sowohl hinsichtlich der Schallübertragung als auch des Luftaustausches. Dazu genügen hier gute Fahrschachttüren. Im Fall von Treppen ist das nur mit aufwendigen und meist unschönen Treppenhäusern zu erzielen.

Dieses Hauskonzept verlegt die Treppen ins Gelände. Man kann von außen jede Ebene erreichen, so auch dann, wenn der Aufzug einmal defekt sein sollte.

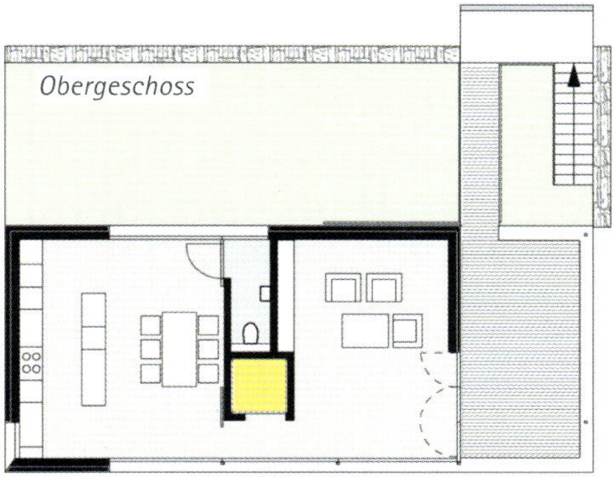

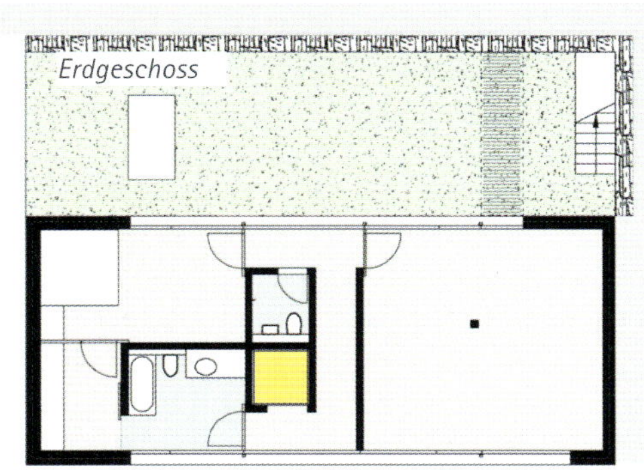

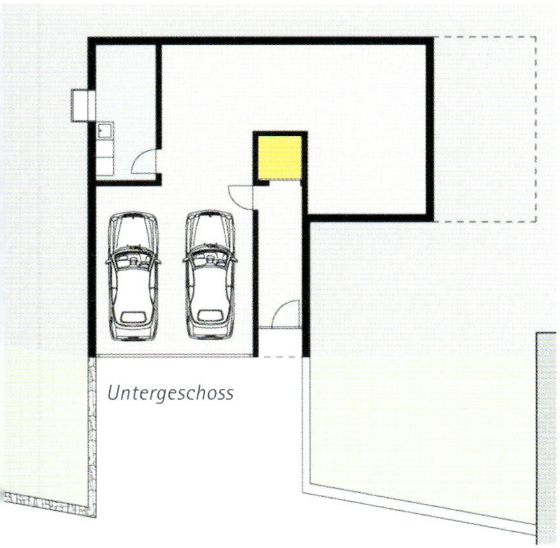

87.2 – 87.5: Der Standort ist durch eine stark frequentierte Straße beeinträchtigt und durch sehr anspruchsvolle Gründungsverhältnisse des steilen Hanggrundstücks. Andererseits bietet er eine exponierte Lage mit weitem Blick über die Iller auf die grüne Silhouette der Kemptener Altstadt. In Reaktion darauf wird das Gebäude weit nach oben gelegt und parallel zum Hang orientiert. Die Erschließung des Gebäudes erfolgt ebenerdig über ein Tiefgeschoss, das durch einen Aufzug mit den Aufenthaltsebenen verbunden ist. Die Schlafräume im Erdgeschoss orientieren sich nach Osten zu einem geschützten und ruhigen Hofraum. Das Obergeschoss wird zur Wohnebene mit Terrasse - der Verkehr wird ausgeblendet. Ein Steg verbindet das Obergeschoss mit einem zusätzlichen Freisitz im Hang und dem Hofraum im EG.

Gebaut wurde mit Stahlbeton, außen gedämmt. Der kubische Baukörper wird durch Fenster- und Terrasseneinschnitte gegliedert. Die anthrazitfarbenen Holz-Alu-Fenster sind innenbündig gesetzt, um die Massivität des Baukörpers durch tiefe Öffnungen zu stärken. Die Innenräume sind geprägt durch Sichtbeton, Eichentüren, Eichen- und dunkle Estrichböden sowie großzügige Glasflächen.

88 Das Nur-Dach-Haus

88.1: Um das Haus in die Landschaft einzubetten, wird es von einem Rankgerüst überspannt, an dem die Pflanzen des Gartens von beiden Seiten über dem Dach zusammenwachsen können. (Arch.: Nikolaus Knebel + Henning v. Wedemeyer)

Im Grunde will sich jeder, der sich sein Haus baut, damit Raum schaffen, in dem er sich wohl fühlt. Dazu tragen die Raumdimensionen, die eingebauten Materialien und die Umgebung, also der Blick nach draußen bei. Seltener äußert sich dieses Bestreben in der Entscheidung für einen quasi alles übergreifenden Ansatz, der das Haus in seiner Form, der Konstruktion, der Raumgestaltung und der Einrichtung so bestimmt, das es einzigartig wird.

Genau das hat der Bauherr dieses Hauses bewirkt. Er wollte durch den Umbau eines kleinen Hauses, zwischen Ostsee und Bodden gelegen, einen Raum schaffen, der das Gefühl vermittelt, in der Landschaft zu wohnen.

Das nur durch ein Dach gebildete Haus steht für einen kleinstmöglichen Eingriff in die Landschaft, um Wohnraum zu schaffen.

88.2: Um den Raum vor, in und hinter dem Haus zu vereinen, wurde eine 30 Meter lange Holzplattform durch das Haus gelegt.

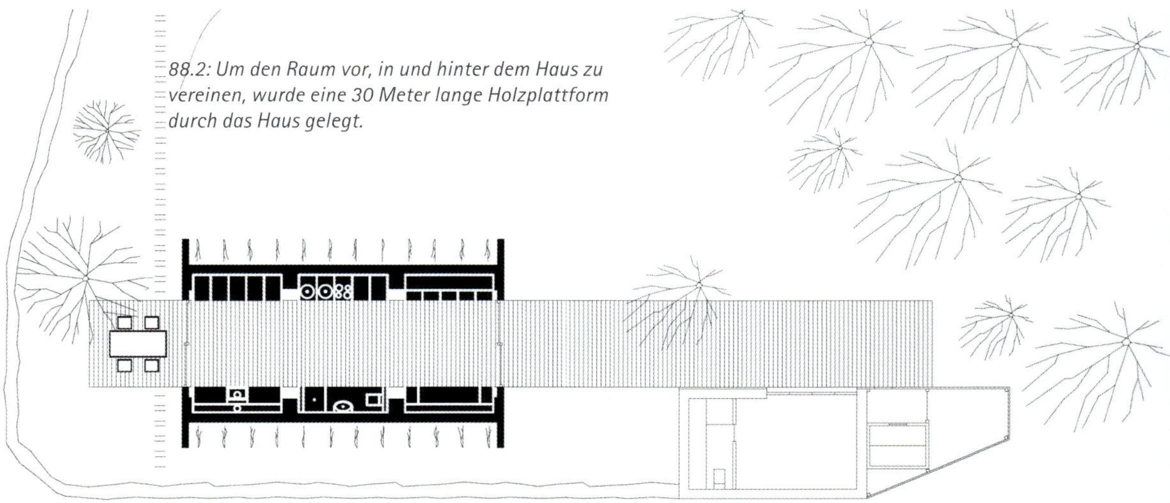

Auch eignet sich diese Form besonders für einen Bewuchs.

Die Holzplattform – man könnte sie auch als Bühne bezeichnen – wird auf beiden Seiten von funktionalen Einbauten flankiert und bleibt eine leere, funktional unbestimmte Fläche, die je nach Tages- und Jahreszeit unterschiedlich genutzt wird. Im Gegensatz zur Offenheit des Hauptraums ist der Schlafraum ein kleines zurückgezogenes Zimmer im Obergeschoss, das nur über eine Leiter erreicht werden kann. Beide Giebelseiten des Gebäudes öffnen sich in voller Höhe zum Außenraum. Von innen blickt man auf die umgebende Landschaft, und von außen betrachtet scheint das Haus ein Teil der Landschaft zu sein.

Dieses Haus bietet eine sehr besondere Art zu wohnen. Doch es kann auch zeigen, wie durch intelligenten und disziplinierten Umgang mit einer kleinen Fläche alles geboten werden kann, was ein Haus braucht. In Zeiten, in denen die Anzahl der Ein-Personen-Haushalte stetig zunimmt, wird es manche geben, die gerne ihr zu großes Haus gegen ein derart handliches eintauschen würden.

88.3: Die Plattform markiert den Übergang von außen nach innen durch Wechsel des Belags.

88.4: Die Einbauten enthalten die Requisiten zum Leben auf der Plattform.

89 Das Single-Haus

Die Anzahl der Ein-Personen-Haushalte liegt heute schon bei 40 Prozent und nimmt weiter zu. Damit steigt auch die Zahl der Bauwilligen, für deren Lebensumstände das klassische Programm eines Eigenheims nicht eingerichtet ist. So werden Kinderzimmer nicht benötigt, statt dessen ist ein Gästezimmer mit eigenem Bad oft erwünscht. Das hat auch Konsequenzen für die Größe des Hauses. Sicher gibt es viele Alleinstehende, die ein großes Haus wollen, doch das Spektrum erweitert sich, der Haushaltsgröße angepasst, hin zu auch kleineren Häusern. Damit werden Grundstücke für eine Bebauung interessant, die für übliche Einfamilienhäuser nicht infrage kommen.

Lassen Sie sich ihr Haus nach Ihren Lebensumständen bauen, durchaus mit Blick auf die Zukunft. Aber es sollte Sie nicht die Sorge um den Marktwert bei einem Verkauf dazu verleiten, Ihre Wünsche zu verwässern. Die Zahl der Klein-Haushalte wird weiter zunehmen und damit auch die Nachfrage nach geeigneten Häusern.

Neben dem Ein-Personen-Haushalt haben auch andere Lebensgemeinschaften spezielle Anforderungen und Wünsche an ihr Haus. Denken wir an Alleinerziehende oder Paare ohne Kinder. Wer bauen will und dessen Lebensumstände nicht ins konventionelle Eigenheim passen, sollte sein Haus nach diesen Umständen planen. Das eröffnet Nischen, die Häuser für Familien mit vier oder mehr Personen nicht besetzen können.

89.1: Das Haus ist für einen Alleinstehenden entworfen. Ein nicht unterkellertes Erdgeschoss mit rund 100 Quadratmetern Wohnfläche erfüllt alle Wohnwünsche. (→ 43.1, 43.2, 44.2 und 93.4)

89.2: Für Gäste gibt es ein Zimmer mit Schrankraum, für den Fall, dass der Besucher länger bleibt. (Arch.: Michael Meyer)

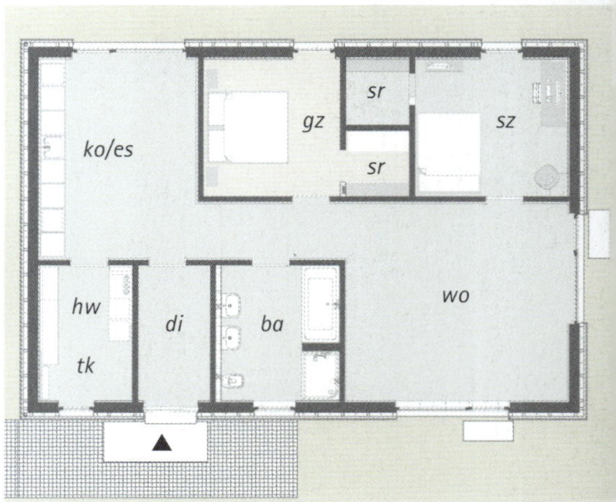

Arch.: Fuchs, Wacker

Konstruktion und Ausbau

90 Die etwas andere Fassade

90.1: *Hochwertige, laminierte (Witterungsschutz) Furnier-Schichtholztafeln veredeln die Fassade. Die Dimensionierung der Fassaden und der Öffnungen müssen mit den großformatigen Tafeln abgestimmt sein. (GLS Architekten AG)*

Die Außenwände der meisten Eigenheime werden mit einem Außenputz versehen. Das gilt nicht nur für Wände mit Wärmedämmverbundsystemen, sondern auch für Wände aus homogenem Mauerwerk. Größere Spielräume bieten Außenwandbekleidungen auf Unterkonstruktion wie Holzverschalungen, kleinformatige Platten oder Fassadentafeln.

Diese Konstruktionen schützen eine außenliegende Wärmedämmung und bieten deshalb weitgehende Freiheit bei der Wahl des Dämmstoffes. Als besonders kostengünstig erweisen sich Bekleidungen aus großformatigen Tafeln, die in großen Abständen sich überlappend befestigt (zumeist geschraubt) werden.

Ein sehr preiswertes Material, das der Fassade ein außergewöhnliches Aussehen verleiht, sind Welltafeln aus Faserzement oder Kunststoffen. Solche Tafeln werden auch – mehr verbreitet – zur Dacheindeckung verwendet.

Derartige Bekleidungen geben dem Haus die mit den Wärmedämmverbundsystemen verlorene äußere Robustheit zurück. Hier sind kei-

90.2: *Dach und Längsfassaden sind mit Welltafeln bekleidet. So wirkt der Baukörper an der Giebelseite wie aufgeschnitten. (Arch.: Annabau GmbH)*

90.3: *Detail der Fassadenbekleidung. Zur Belichtung sind transparente Tafeln eingesetzt.*

▸▸

90.4: Das alte Siedlerhaus der Großmutter des Bauherrn mit seiner dunklen Holzfassade musste abgebrochen werden. Doch die Erinnerung daran sollte fortleben, so stand es Pate für den Neubau auf dem Nachbargrundstück. Die Grundproportionen wurden in eine neue, sehr eigenständige Interpretation des alten Hauses übernommen. Die mattschwarz glänzende Holzverschalung lässt den polygonen Baukörper wie einen Kristall erscheinen. Das Dach ist mit kleinwelligen Metalltafeln eingedeckt, dasselbe Material bekleidet die Seiten der Gaube. Die Wahl der Materialien und die Art ihrer Verwendung folgen auch – wie beim alten Siedlerhaus – der Wirtschaftlichkeit (Seite 127). (Arch.: Klaus Loenhardt und Christoph Mayr)

ne Schäden durch sich einnistende Vögel oder nahrungssuchende Spechte zu befürchten. Zudem ist das Material nicht brennbar, was die Anforderungen an das Brandverhalten der verwendeten Dämmstoffe verringert.

Dach und Fassade in gleichem Material und gleicher Farbe geben dem Haus ein ungewöhnliches Erscheinungsbild. Es wirkt wie aus dünnen Flächen zusammengesetzt. Dies wird unterstützt durch die schlichten, auf einfache geometrische Formen reduzierten Baukörper, die die Verwendung der großformatigen Tafeln begünstigen.

90.5: Diese Haus-Ensemble zeigt: Auch mit kleinformatigen Fassadenplatten können die Baukörper sehr gut auf ihre streng geometrische Form reduziert werden. Das kleine Format bietet im Gegensatz zu großen Tafeln sehr viel größeren Spielraum hinsichtlich der Abmessungen der zu bekleidenden Flächen. Hier sind Fassadenplatten aus Faserzement verbaut. (H2M Architekten und Stadtplaner)

91 Aufgebockte Bodenplatte

Ein Trick, die Gründungskosten zu minimieren, ist das Aufbocken der Bodenplatte. Aufbocken heißt, dass die Bodenplatte (auf der das Haus errichtet wird) so weit angehoben wird, dass sie über der Geländeoberfläche liegt.

Mit dem Aufbocken entfällt der Aushub einer Baugrube. Es werden lediglich frosttiefe Streifen- oder Punktfundamente für die Auflagerung der Bodenplatte benötigt. Es muss kein tragfähiges Planum für die Bodenplatte hergestellt werden. Abdichtung und Dränage gibt es nicht. Die unterseitige Wärmedämmung der Bodenplatte ist nicht belastet, Anforderungen an die Druckfestigkeit des Dämmstoffs werden nicht gestellt.

Die Sache lohnt besonders bei schwierigem Baugrund wie Fels, in Hanglagen oder bei hohem Grundwasserstand, dort also, wo eine konventionelle Gründung beträchtlichen Zusatzaufwand bedingen würde.

Ein Mehraufwand in Höhe von etwa 1.500 Euro entsteht für die frei tragende Bodenplatte, die wie eine Geschossdecke konstruiert ist. Hinzu kommt die frostsichere Führung der Wasser- und Abwasserleitungen vom Haus ins Erdreich.

Wie viel unterm Strich eingespart werden kann, hängt von den Gegebenheiten im Einzelfall ab. Geht man – sehr niedrig angesetzt – davon aus, dass Aushub und Abfuhr des Erdreiches, Dränage, Abdichtung und aufwendigere Wärmedämmung zusammen nicht unter 4.000 Euro zu bekommen sind, so hat man eine Größenordnung für das Ersparte.

91.1: Wohnhaus in Wienerherberg, aus mit Stroh gedämmten, vorgefertigten Bauteilen erbaut. (Arch.: Bauatelier Schmelz & Salomon)

91.2: Mit der Gründung auf Pfeilern, die in Betonrohre gegossen wurden, reagierte der Architekt auf einen hohen Grundwasserstand.

Die angehobene Bodenplatte hat keinen Kontakt zum Erdreich. Deshalb ist diese Konstruktion auch für Holzhäuser mit Holzdecken besonders interessant. Durch den Abstand der Bodenplatte zum Gelände ist eine unterseitige Belüftung der Konstruktion sichergestellt.

Es ist empfehlenswert, den Abstand von Gelände und Bodenplatte so zu wählen, dass dieser Zwischenraum für Wartung und Instandhaltung – vergleichbar einem Kriechkeller – zugänglich ist.

Die Anforderungen an die Wärmedämmung der Bodenplatte sind, da diese an die Außenluft angrenzt, höher als bei Bodenplatten gegen das Erdreich.

91.4: Der Hauszugang liegt zwischen Wohnhaus und Garagenanbau. Für den zwangsläufigen Höhenunterschied von Gelände und Erdgeschoss sind vier bis fünf Stufen erforderlich.

91.3: Durch diese Konstruktion konnte der bei üblicher Gründung erhebliche Aufwand für eine entsprechende Abdichtung vermieden werden.

91.5: Neben der Gründung auf Pfeilern werden auch Fundamentstreifen zur Auflagerung der mit Stroh gedämmten Bodenplatte eingesetzt. Der Dämmstoff Stroh erfordert eine erheblich dickere Dimensionierung als sonst üblich.

92 Haus auf Stelzen

92.1: *In der Luft zu hängen scheint dieses kleine Wohnhaus in Disentis. Die Gründung wird so auf ein Minimum reduziert. Probleme mit Wasser gibt es nicht. Und die unterseitige Wärmedämmung der Bodenplatte ist ein Kinderspiel. (Arch.: Atelier Werner Schmidt)*

Ein Haus auf Stützen (Stelzen) zu stellen widerspricht zunächst der Vorstellung, dass Häuser fest mit dem Boden verbunden sein müssen. Zwar leisten Stützen genau das, aber die optische Wirkung ist eine andere. Aber wie kommt man überhaupt auf diese Idee?

Es gibt viele Situationen, in denen es große Nachteile mit sich bringt, in den Boden hinein oder direkt darauf zu bauen. Denken wir an Hochwassergefahr, an hohen Grundwasserstand oder steile Hänge, die zu bebauen erheblichen Gründungsaufwand und nicht nutzbares Bauvolumen bedingen.
Vorbild sind die Pfahlbauten, die es ermöglichen, in Sumpfgebieten und auf dem Wasser zu bauen, und die schon aus unserer Frühgeschichte bekannt sind.

Das auf dieser Seite (→ 92.1) vorgestellte Projekt weist wie das in Kapitel 91 vorgestellte Haus noch eine weitere Besonderheit auf: es ist mit Stroh gebaut (siehe Kasten).

92.2: *Das Haus sollte in Ufernähe des Tegernsees errichtet werden, wegen des immer wiederkehrenden Hochwassers auf Stelzen. Es kostete viel Geduld und Einsatz, die Baubehörde von der Sinnfälligkeit dieses Plans zu überzeugen … (Foto: © Tegernseer Stimme)*

92.3: *… Schlussendlich durfte der Bau auf Stelzen errichtet werden. Gut so, wie sich schon während der Bauzeit erwies. (Foto: © Klaus Wiendl)*

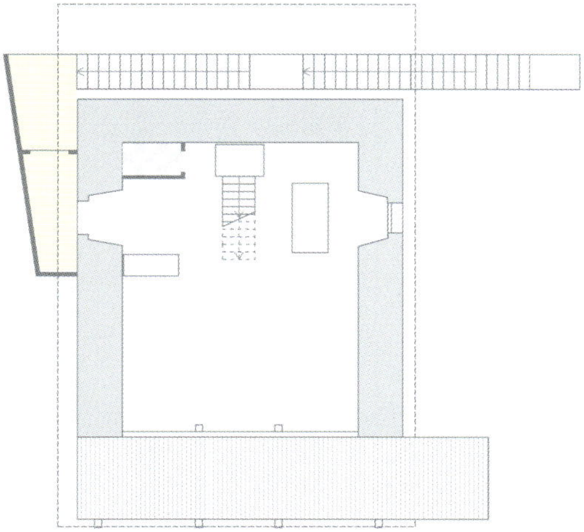

92.4: *Charakteristisch für das Bauen mit Stroh sind die 1,25 Meter dicken Außenwände. Der Windfang ist als Kasten vor die Fassade montiert (→ 92.1).*

92.5: *Die Nutzung des Erdgeschosses ist ausgetüftelt: Diele, Küche und Wohn- und Essbereich bilden einen Raum. Über die Küchenschränke hinweg führt die Treppe ins obere Geschoss. (Arch.: Atelier Werner Schmidt)*

92.6: *Das Gebäude sitzt auf einer Stahlbetonbodenplatte, die auf der Hangseite von einem Streifenfundament, auf der Talseite von Stützen mit Punktfundamenten getragen wird.*

Bauen mit Stroh

Der Wandaufbau erfolgt mit Jumbo-Strohballen (2,40/1,25/0,70 m) bei einem Gewicht von 320 kg. Die Wanddicke von 1,25 m ist für den Abtrag der Schneelast erforderlich (bei 620 kg/m^2). Die im Verband geschichteten Strohballen werden mit Kunststoffbändern zur Bodenplatte hin verspannt und ständig nachgespannt. Dadurch setzt sich die Konstruktion, nach vier Wochen schließlich um 30 cm. Die auf Zug gebrachten Spannbänder stabilisieren die Strohwände und verhindern eine Ausdehnung. Ein Ringbalken aus Dreischichtplatten schließt die Wände nach oben ab. Diese werden beidseitig mit Kalk-Zementputz verputzt. Der dringt bis zu 8 cm in das Stroh ein und bildet mit diesem eine statische Einheit, die auch die Horizontalkräfte aufnimmt.

93 Nutzlosen Dachraum vermeiden

Für die meisten Baugrundstücke sind Dachform und -neigung vorgeschrieben. Damit ist im Prinzip festgelegt, ob das Dach für einen Ausbau geeignet ist oder nicht. Lohnend ist der Ausbau, wenn damit ein Teil der geplanten Wohnfläche realisiert werden kann. Das setzt weiterhin voraus, dass die für Dachgeschosse vorgeschriebene lichte Raumhöhe für Aufenthaltsräume vorhanden ist. Die Landesbauordnung legt auch fest, in welchem Umfang dies – bezogen auf den Raum – gegeben sein muss. Sind diese Voraussetzungen nicht erfüllt, eignet sich das Dach allenfalls für Wohnraum, der nicht als Aufenthaltsraum gilt, wie z. B. Galerien.

In allen Fällen, in denen ein Dachausbau nicht möglich oder auch zu einem späteren Zeitpunkt nicht erwünscht ist, kann kostensparend ein nicht nutzbarer Dachraum geplant werden oder der Dachraum entfallen.

93.1: Vier freitragende Brettschichtholz-Rahmenbinder bilden einen stützenfreien Dachraum. Der verglaste First lässt in den Himmel blicken. (Arch.: Fabi)

93.2: Die geringe Breite des zweigeschossigen Hauses hält das Dach klein und die Firsthöhe niedrig. Damit werden der durch das Dach bedingte konstruktive Aufwand und das Bauvolumen minimiert. (Arch.: Becker + Schöne)

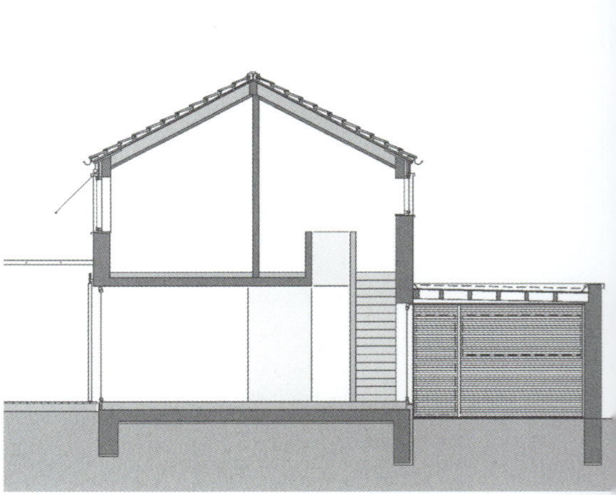

93.3: Das Dach ist auf einer tragenden Mittelwand aufgelegt.

Diese Entscheidung ermöglicht Hauskonzepte, bei denen die konstruktiven und wirtschaftlichen Vorteile des nicht genutzten Dachraumes voll ausgeschöpft werden können. So wird z.B. bei größeren Dachneigungen mit geringen Hausbreiten das Dach klein gehalten.

Das nicht genutzte Dach bietet auch die Möglichkeit, die Wärmedämmung auf der Decke des Dachraums zu verlegen. Damit kann die Dachkonstruktion sehr viel einfacher ohne Wärmedämmung ausgeführt werden.

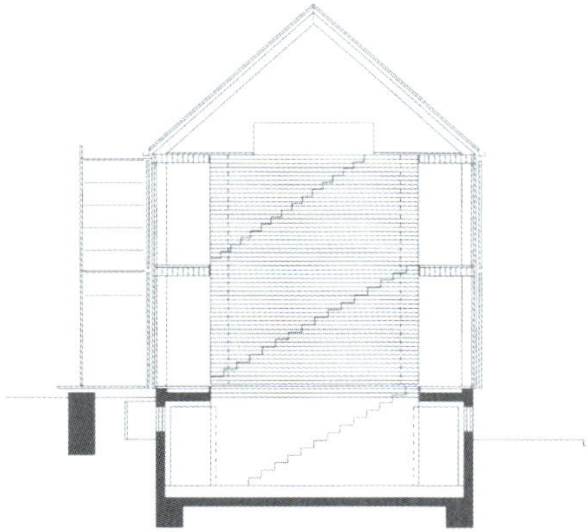

93.5: Ein Dachausbau war nicht erwünscht, die Dachneigung vorgegeben. Eine geringe Hausbreite minimiert die Dachhöhe. Gedämmt wird anstelle des Daches die oberste Decke: 80 m² mit begehbaren Dämmplatten, das spart bei einer Dachfläche von 110 m² mind. 2.500 Euro. (Arch.: Schlude)

93.4: Die schräge Untersicht des Daches gibt den Räumen Höhe und zusätzlichen Luftraum. (Arch.: Michael Meyer)

93.6: Die Isometrie des Hauses der Abb. 93.4 zeigt, wie die Entscheidung gegen einen Dachraum die Konstruktion des Hauses bestimmt. Hier werden die Dachsparren auskragend auf Innenwände aufgelegt. Es gibt keine Firstpfette.

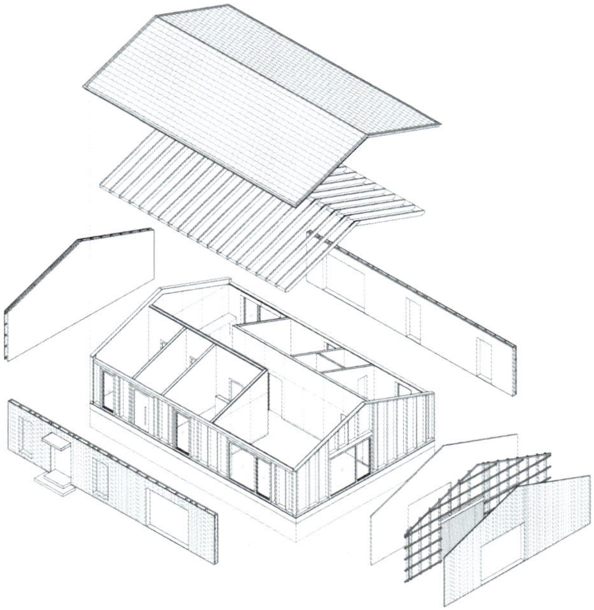

94 Flaches Pultdach

Haben Sie ein Baugrundstück, bei dem Ihnen die Wahl der Dachform freigestellt ist, dann sollten Sie diese Chance nutzen: planen Sie dann ein flaches Pultdach. Es ist die mit Abstand kostengünstigste Lösung. Das Dach wird mit der für die Entwässerung nötigen Mindestneigung von 2 Grad über die Querseite des Hauses geneigt. Die Räume des obersten Geschosses schließt eine ebene Decke (massiv oder in Holzkonstruktion) ab. Die Dachkonstruktion besteht aus auf der Decke aufliegenden Pfetten, Sparren und einer Schalung als Unterlage für die Dachabdichtung (94.1).

94.3: Das Dach des in Kapitel 91 vorgestellten Hauses ist nach den hier erläuterten Konstruktionsprinzipien ausgeführt. (Arch.: Schmelz & Salomon)

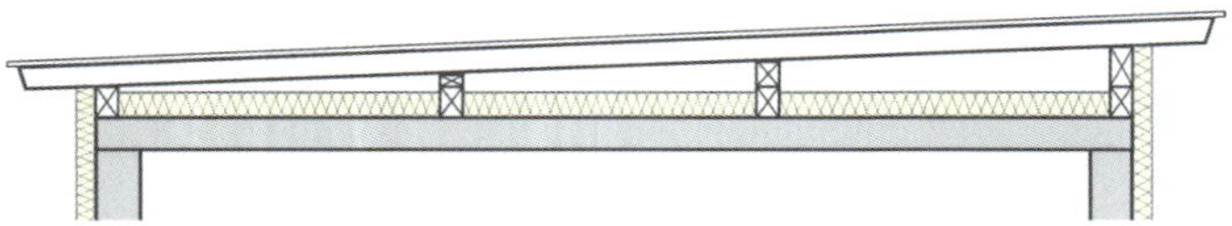

94.1: Schnitt durch die Konstruktion eines Pultdaches mit Mindestneigung. Diese erfordert anstelle einer Eindeckung

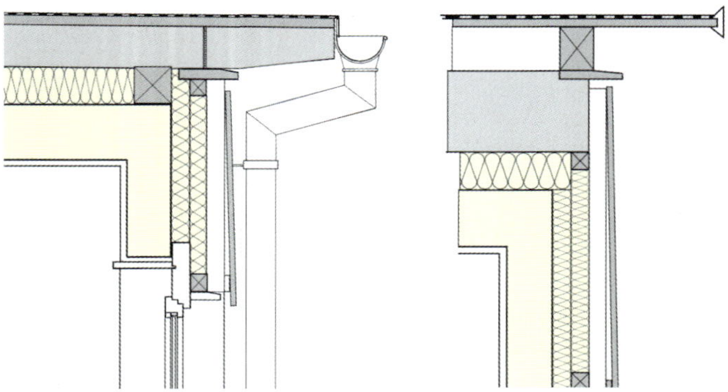

94.2: Schnitt durch die Traufe (a) und den Ortgang (b) des flachen Pultdachs

Die Wärmedämmung liegt, oberseitig belüftet, zwischen den Pfetten auf der Dachdecke.

Zur Entwässerung des Daches genügt eine Dachrinne (94.2a). Eine Blechaufkantung entlang der Dachkanten (Ortgang) verhindert, dass Wasser seitlich abläuft (94.2b).

Diese Konstruktion vereint die geometrischen Vorteile des Flachdachs mit dem einfachen Aufbau von Pultdächern. Im Vergleich zu einem einfachen Satteldach (20° Neigung) mit entsprechender Wärmedämmung und Eindeckung aus Betondachsteinen sparen Sie mindestens 2.400 Euro. Ersetzt man auf diese Weise ein Satteldach mit 40 Grad Neigung, dann liegt die Ersparnis bei ca. 4.800 Euro.

Nicht berücksichtigt sind in diesen Beträgen die Minderkosten von Bauteilen, die über Dach geführt werden müssen wie Entlüftungen, Abgasleitungen und Kamine.

Dach mit Nagelbindern 95

95.1: Das Dach tritt nach außen, also an Ortgang und Traufe, als filigrane Dachhaut in Erscheinung. (Fabi Architekten)

95.2: Nagelbinder bei der Montage. Wie zu sehen ist, sind die Hölzer durch Nagelplatten verbunden. (Holzbau Seifert)

Wird der Dachraum – so wie in Kapitel 93 behandelt – nicht benötigt, so bietet es sich an, die Dachkonstruktion besonders kostengünstig mit Nagelbindern auszuführen. Nagelbinder sind, vereinfacht dargestellt, aus Holz vorgefertigte Dreiecke in der vorgegebenen Dachform, die durch Pfetten miteinander verbunden werden. Die Pfetten dienen als Auflager für großformatige Eindeckungen, wie z. B. Faserzement-Wellplatten. Nagelbinder können nur auf den Außenwänden aufliegen, brauchen also keine weiteren unterstützenden Wände.

Anstelle des Daches wird die mit der Dachkonstruktion gebildete Decke über dem obersten Geschoss wärmegedämmt.

95.3: Unbehandelte sägeraue horizontale Brettschalung an den Trauffassaden stehen in Kontrast zu den dunklen Giebelflächen.

95.4: Die Einfachheit der Dachkonstruktion mit Wellplatten als Dachhaut setzt sich in den Fassaden in veredelter Ausführung fort: Schwarze glatte Faserzementtafeln und die großflächige Verglasung verleihen dem Haus Eleganz.

96 Das Haus ohne Keller

Das weitaus größte Sparpotenzial ist mit der Entscheidung für oder gegen eine Unterkellerung verbunden. Wer große Nebenflächen für Abstellräume, Werkstatt, Hobbyraum, Wein- und Vorratslager benötigt, der ist mit dem Keller gut bedient. Wer das nicht braucht oder Alternativen akzeptiert, der kann auf den Keller verzichten.

Dabei solle man nicht übersehen, dass es in Gegenden mit hohem Grundwasserstand oder in durch Hochwasser gefährdeten Gebieten üblich ist, ohne Keller zu bauen. Dies nicht nur, weil eine gegen Wasser gesicherte Ausführung von Untergeschossen, z. B. als sogenannte weiße Wanne, erhebliche Mehrkosten verursacht, sondern auch an der einfachen Tatsache: Wer keinen Keller hat, braucht sich auch nicht darum zu sorgen.

Je größer die Grundfläche des Hauses, desto mehr kann eingespart werden: Bei einem zweigeschossigen Haus mit 100 bis 150 Quadratmetern Wohnfläche können Sie bei Nichtunterkellerung ganz grob mit 150 Euro Einsparung je Quadratmeter Wohnfläche rechnen.

96.1: Grundriss und Längsschnitt zu Abb. 96.2 und 96.3. Als Kellerersatz dienen die zwei farbig hinterlegten Lagerräume. (Arch.: f64-Architekten)

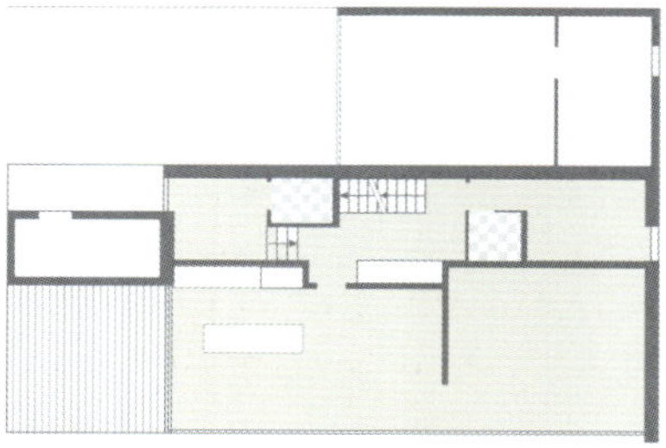

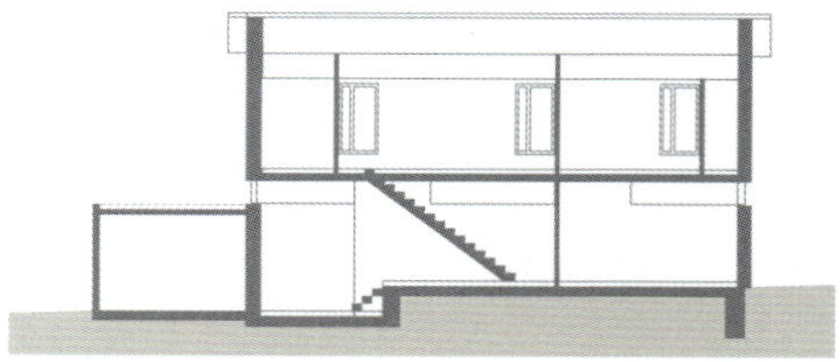

96.2: Das Gebäude ist in das nach Süden ansteigende Gelände eingebettet. Der Höhenunterschied zwischen der Zugangsebene (Eingang, Stellplätze, Garage) ...

96.3: ... und der Gartenebene wird im Gebäude mit vier Stufen in der Garderobe ausgeglichen.

Bei 120 Quadratmetern Wohnfläche also mit 18.000 Euro. Bei eingeschossigen Häusern rechnen Sie entsprechend mit 240 Euro, bei dreigeschossigen mit 120 Euro. Diese grobe Abschätzung genügt für Ihre Entscheidung pro oder contra Keller, wenn es nur um die Kosten geht. Die genannten Beträge sind Mindestwerte, die je nach Ausbaustandard erheblich überschritten werden können.

Unter Umständen kann auch eine Teilunterkellerung in Frage kommen, z. B. bei steiler Hanglage im Fels oder bei sogenannten Split-Level-Häusern (Häuser, deren Ebenen jeweils halbgeschossig versetzt sind). Eine Teilunterkellerung bedarf besonderer statischer Vorkehrungen, um unterschiedliche Setzungen und dadurch verursachte Schäden zu vermeiden.

Als Ersatz für den Keller kommen Abstellräume im Erdgeschoss, Dachräume, Räume in Verbindung mit Garagen oder Carports und kleine Bauten wie Gerätehäuschen in Frage. Wer eine Garage plant, kann auch deren Unterkellerung in Betracht ziehen (→ 79).

Das Bauen ohne Untergeschoss eröffnet zudem weitere vorteilhafte Maßnahmen bei der Gründung wie das Aufständern von Gebäuden in steilen Hanglagen oder um die sonst erforderlichen Vorkehrungen gegen Erdfeuchte und Oberflächenwasser zu vermeiden (→ 92).

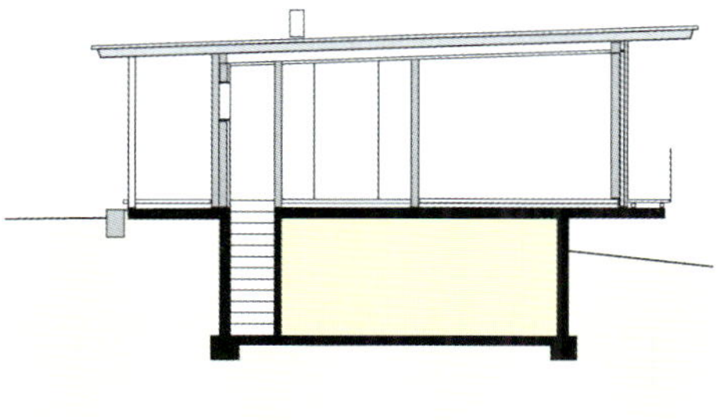

96.6: Eine besondere Art der Teilunterkellerung: Das Erdgeschoss kragt allseitig über das Untergeschoss. Die Last des Hauses wird so gleichmäßig auf das Fundament abgetragen. Damit werden unterschiedliche Setzungen vermieden. (GJL Architekten)

96.4: Dieses Haus nutzt die Topografie optimal aus: beide Geschosse liegen in einer Ebene mit dem anschließenden Gelände (96.5). Sonst im Keller anzutreffende Räume für Technik und Lager wurden im unbelichteten Bereich des unteren Geschosses untergebracht. (Arch.: f64-Architekten)

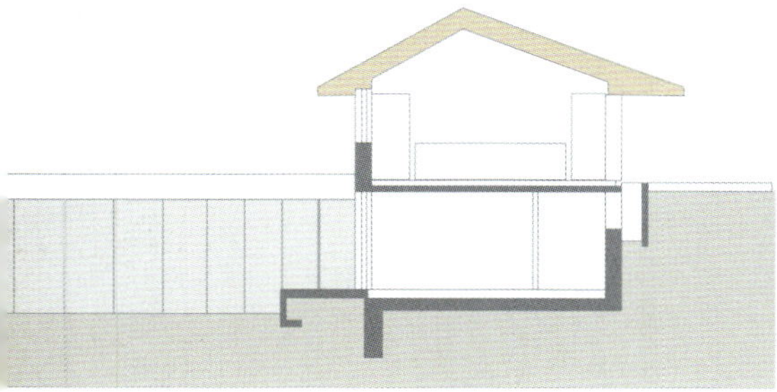

96.5: Die Entwicklung der Grundrisse der Geschosse entlang des Hangs bietet bei minimierter Hausbreite (gleich der Länge der einläufigen Treppe mit An und Austritt) allen Räumen gleiche Qualität hinsichtlich Ausblick und Austritt ins Freie.

97 Vorkehrungen gegen Hochwasser

An Hochwasser denkt man vielerorts erst dann, wenn es plötzlich da ist. Die Erfahrung der vergangenen Jahrzehnte zeigt, dass zunehmend Orte von Hochwasser heingesucht werden, die bislang als sicher galten. Extremer Niederschlag ist häufiger geworden, und es wird damit gerechnet, dass dieser Trend anhält.

Es ist deshalb unerlässlich, sich eingehend über die Hochwassergefährdung zu informieren. Dabei geht es nicht nur um die Bedrohung durch Flüsse, sondern vor allem um Grund- und Niederschlagswasser. Die Sicherung gegen Rückstau im öffentlichen Abwassersystem ist eine Pflichtaufgabe Ihres Architekten. Deshalb sparen wir das hier aus. Hier geht es um zusätzliche Vorkehrungen, die im Falle das Falles helfen, Ihr Hab und Gut trocken zu halten.

Hoher Grundwasserstand birgt zwei Gefahren: das Aufschwimmen des Gebäudes durch Auftrieb und das Eindringen von Grundwasser.

Steigt bei Hochwasser das Grundwasser über die Gründungssohle, hat der Statiker zu prüfen, ob der dabei auftretende Auftrieb die Standsicherheit gefährden kann. Besteht dieses Risiko, hat er das Untergeschoss entsprechend zu bemessen und zu beschweren. Ein erhöhtes Risiko besteht vor allem in der Bauphase, in der das Untergeschoss nur eine geringe Auflast trägt. Diese kritische Bauphase sollte also nicht in die Zeit gelegt werden, in der das Hochwasserrisiko groß ist.

Ist das Risiko gering und wird es statisch nicht berücksichtigt, sollten Sie - falls ein so hoher Grundwasserstand eintritt – die mögliche Flutung des Untergeschosses (mit sauberem Wasser) einkalkulieren. Die erforderliche Flutungshöhe ermittelt der Statiker, eine entsprechende Höhenmarkierung ist zu empfehlen.

Gegen das Eindringen von Grundwasser durch die Bauwerkssohle und die Kellerwände helfen Abdichtungen gegen drückendes Wasser in Form einer »schwarzen« oder »weißen Wanne«. Als schwarze Wanne bezeichnet man die Abdichtung mit (früher durchweg schwarzen) Dichtstoffen, als weiße Wanne die Ausführung in wasserundurchlässigem Beton. In diesen Fällen müssen auch die Wände und die Bauwerkssohle für den auftretenden Wasserdruck bemessen werden. Die Maßnahmen sind kostspielig, sie werden deshalb nur dann ausgeführt, wenn diese Gefahr tatsächlich besteht. Das zu entscheiden gehört zu den Aufgaben des Planers. Nachträglich kann eine solche Abdichtung nur innen eingebaut werden. Der Aufwand ist beträchtlich, zumal die Abdichtung mit einer schützenden Betonwanne abgedeckt werden muss.

Die wirksamste Maßnahme gegen Hochwasser ist der Verzicht auf die Unterkellerung. Entscheiden Sie sich dennoch für einen Keller, sollten Sie dort jegliche Sanitärinstallation vermeiden: Je höher die niedrigste Stelle der Abwasseranlage liegt, desto geringer ist das Überflutungsrisiko. Demzufolge werden die Grundleitungen nicht unter der Bauwerksohle, sondern unter der Kellerdecke geführt.

Ob mit oder ohne Keller: Ein über das Gelände angehobenes Erdgeschoss oder ein Bau auf Stelzen bringen Sicherheit vor entsprechend hohem Oberflächenwasser (→ 92). Dabei sollten Sie sich am behördlich angegebenen Hochwasserstand orientieren.

Die Heizungsanlage sowie die Stromverteiler sind in einem Obergeschoss, zumindest oberhalb der hochwassergefährdeten Höhe einzubauen. Unterhalb der Hochwasserlinie sind Elektroinstallationen möglichst zu vermeiden. Anderenfalls müssen solche Installationen getrennt abzusichern und abzuschalten sein. Besondere Gefahren für das Grundwasser gehen von Öltanks aus, die aufschwimmen und auslaufen können. Am besten wäre es, eine Heizung einzubauen, die mit einem anderen Brennstoff betrieben wird. Gibt es keine Alternative, müssen die Öltanks gegen Aufschwimmen gesichert werden. Im Notfall können gefährdete Öltanks mit Wasser aufgefüllt und damit das Aufschwimmen verhindert werden. Die Kosten der späteren Trennung des Wassers vom Öl (Fachbetriebe können das) sind erheblich niedriger als die Beseitigung der Schäden durch auslaufendes Öl.

Da aber das gesamte Ölversorgungssystem eine Gefährdung darstellt, sollte sich dieses (einschließlich der Tanks) ebenfalls nur oberhalb der Hochwasserlinie befinden.

Öffnungen im Bereich hochwassergefährdeter Wände können mit dichten und dem Wasserdruck standhaltenden Klappen verschlossen werden.Generell ist beim Bau darauf zu achten, dass in hochwassergefährdeten Bereichen ausschließlich wasserresistente Baustoffe und Bauteile verwendet werden.

97.1: Neben einem alten Rheintalhaus sollte ein neues Haus Platz für eine fünfköpfige Familie bieten. Aufgrund des Hochwasserpegels konnte das EG nur für den PKW-Stellplatz, für Lagerräume und eine Waschküche genutzt werden. Ins OG gelangt man über einen geschlossenen Treppenraum. Dort öffnet sich der Koch-, Ess- und Wohnbereich nach Süden zu einer großen Terrasse (→ 100.1). Schlafen, Kinderzimmer, Bad und WC gehen teilweise in das OG des bestehenden Gebäudes über. (Arch.: Schroetter-Lenzi)

98 »Lichtfinger«

Grundstücke in guter Lage sind knapp, und sie sind teuer. Deshalb wird mancher Bauwillige froh sein, wenn er ein Baugrundstück ergattern kann, auch dann, wenn das mit dem Grundstück verbundene Baurecht hinsichtlich der überbaubaren Fläche und der Anzahl der Geschosse enge Grenzen setzt. Dabei geht es in der Regel um die über dem Gelände liegenden Gebäudeteile, nicht aber um das im Erdreich Verborgenen.

So kann man auf die Idee kommen, die oberirdisch nicht realisierbaren Raumwünsche im Untergeschoss zu erfüllen. Was hier aber fehlt, sind Licht und Frischluft. Die Lichtschächte, mit denen Kellerräume üblicherweise belüftbar gemacht werden, sind hinsichtlich der Belichtung und des Ausblicks sehr unbefriedigend. Um dies zu verbessern, hat ein österreichisches Architektenteam den Lichtschacht zum »Lichtfinger« weiter entwickelt. Damit bezeichnen sie einen keilförmigen Geländeeinschnitt vor dem Fenster des Untergeschosses, der direkten Sonnenlichteinfall in den dahinter liegenden Raum und einen Streifen Ausblick ermöglicht.

Das auf diesen Seiten vorgestellte Haus dient auch als Beispiel für die Begrünung von Fassaden (→ 69).

98.1: Die vertikalen Fensterbänder reichen bis ins Untergeschoss. Dass die Fenster dort ausreichend Licht erhalten, dafür sorgen drei in das Gelände eingeschnittene keilförmige Schächte, die »Lichtfinger«. Das Untergeschoss ist länger als das Erdgeschoss und ragt deshalb – rechts im Bild - als Terrassenfläche unter dem Erdgeschoss hervor.

98.2: Das Haus im Rohbau mit dem Rankgerüst für die Fassadenbegrünung. (Arch.: nonconform)

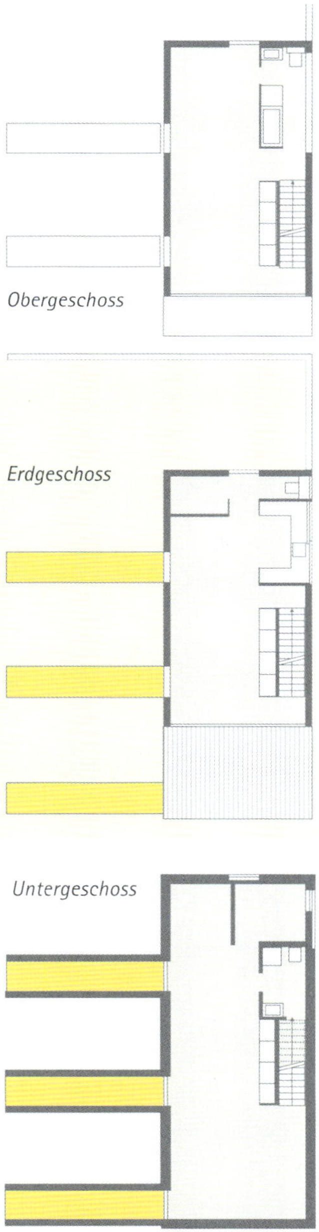

98.3: Das Baurecht gestattete eine maximale Bruttogeschossfläche von 50 Quadratmetern. Das wird mit den Außenmaßen des Hauses von 5 mal 10 Metern exakt eingehalten. Das Untergeschoss durfte um 33 Quadratmeter größer sein. So wurde die Gelegenheit genutzt, dort zusätzlichen Wohnraum zu schaffen. Um diesen ausreichend mit Tageslicht zu versorgen, wurden in Fortsetzung der Fensterachsen drei 6 Meter lange »Lichtfinger«, gleichmäßig bis zum Fußboden des Untergeschosses abgeböscht, in den Garten eingeschnitten.
Die reduktive Grundgesinnung, die der Kubatur die Form gab, macht sich auch im Grundriss bemerkbar. Alle drei Ebenen sind in Längsrichtung in einen schmalen Versorgungsteil (Erschließung, Stauraum, Nassbereich) und einen breiteren, offenen Wohnteil gegliedert, welcher wiederum mit Schiebeelementen unterteilt werden kann. Ein klare Sache, so simpel wie großzügig. (Text der Architekten)
(Arch.: nonconform)

98.4: Der Raum im Untergeschoss wird durch die drei »Lichtfinger« erstaunlich gut belichtet. Selbst direkte Sonneneinstrahlung ist so bei entsprechender Ausrichtung des Gebäudes und der Schächte möglich.

99 Lichthof für das Souterrain

99.1: Das Atrium belichtet das Arbeitszimmer und das gegenüberliegende Gästezimmer. Die schwach geneigten Dachfenster lassen sich zur Belüftung der Räume öffnen. (Arch.: nonconform)

99.2: Arbeitsraum und Gästezimmer öffnen sich über großflächige Schiebetüren zum Lichthof.

Die auf den vorangehenden Seiten vorgestellten »Lichtfinger« erfordern einen ausreichenden seitlichen Abstand des Hauses von der Grundstücksgrenze und eine dafür geeignete Ausbildung der Grundrisse. Das funktioniert nicht bei jedem Grundstück. Deshalb wählten dieselben Architekten bei ähnlicher Aufgabenstellung einen anderen Weg, das Untergeschoss ausreichend zu belichten.

Auch bei diesem Haus ist das Untergeschoss größer als das Erdgeschoss. Es ragt nicht sichtbar in die Gartenfläche hinein. An der Stelle, an der das Untergeschoss unter dem Erdgeschoss hervortritt, schoben die Architekten ein kleines Atrium als Lichthof zwischen Arbeitsraum und Gästezimmer. Das Atrium ist überdacht, aber mit zwei großen, nahezu liegenden Dachfenstern versehen.

Möglich wäre in einem solchen Fall auch ein oben offenes Atrium. Das würde allerdings erheblich höheren Aufwand u. a. für die Entwässerung und die Ausbildung der angrenzende Wände als Außenwände erfordern. Auch müsste dafür gesorgt werden, dass niemand abstürzt. Zudem würde dadurch die wärmeübertragende Hüllfläche des Haus vergrößert.

99.3: Das Erdgeschoss als Wohnbereich öffnet sich über die ganze Länge zur Terrasse und zum Garten. Die Fensterfront kann mit Außenrollos in der Farbe der Fassade geschlossen werden (→ 38). Schlafraum, Bad und großzügige Ankleide befinden sich im Obergeschoss.

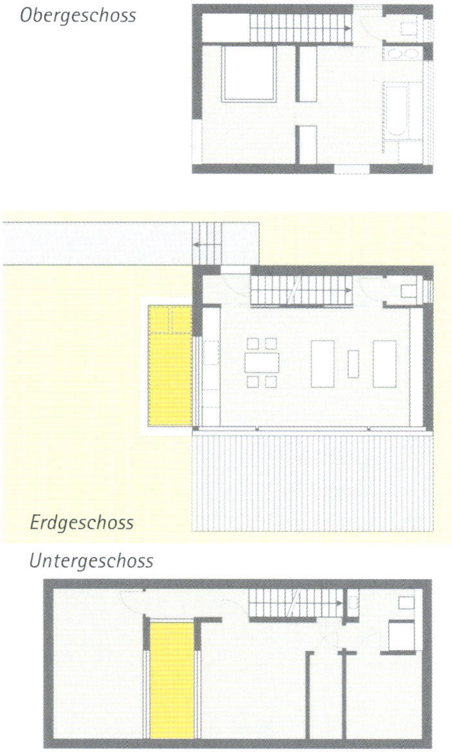

99.4: Bei vorschriftsmäßig gering bebauter Fläche (zulässige Grundfläche 50 Quadratmeter) und im Grundrisslayout reduzierten Verkehrsflächen gelang es den Architekten, auf drei Geschossen eine Nutzfläche von 145 Quadratmetern zu realisieren. ◂

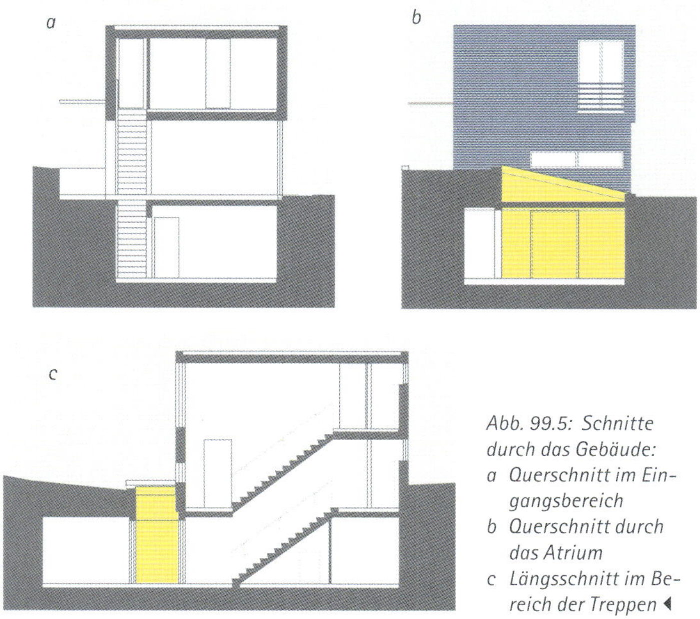

Abb. 99.5: Schnitte durch das Gebäude:
- a Querschnitt im Eingangsbereich
- b Querschnitt durch das Atrium
- c Längsschnitt im Bereich der Treppen ◂

100 Vorgestellter Balkon

Terrasse und Balkon haben unterschiedliche Qualitäten, und es soll hier nicht behauptet werden, die Terrasse mache einen Balkon überflüssig. Dennoch kann auf den Balkon leichter verzichten, wer eine erdgeschossige Terrasse (am besten) hin zum Garten hat.

Von Massivdecken auskragende Balkonplatten sind Schwachstellen in der Wärmedämmung der Gebäudehülle. Auch auskragende Konsolen beeinträchtigen die Wärmedämmung der Außenwand, zudem sind sie konstruktiv aufwendig. Deshalb ist es konstruktiv und energetisch vorteilhaft, Balkone vor die Fassade zu stellen. Das ist ohne Schwierigkeiten auch nachträglich zu bewerkstelligen. Der heutige Verzicht auf den Balkon muss also kein Verzicht auf Dauer sein. Das macht die Entscheidung leichter.

Ist ein späterer Anbau beabsichtigt, sollte der Balkon Bestandteil der Planung sein, und die nötigen Vorkehrungen dafür sollten getroffen werden. Das betrifft besonders die Türen zum Austritt auf den Balkon, die als französische Fenster (→ 36) ausgeführt und vorab mit Schutzgittern versehen werden. Sinnvoll ist auch der Einbau der erforderlichen Bauteile zur Befestigung des Balkonanbaus. Alles übrige kann später gemacht werden (oder auch nicht).

Ein freistehender, an der Fassade angehängter Balkon von 2 x 4 Metern kostet mit Fundament, Brüstung, wasserabführendem Belag und Entwässerung mindestens 4.000 Euro, meistens mehr.

Günstiger wird es, wenn der Balkon nicht über dem Freisitz angeordnet ist. Dann kann die Balkonfläche mit Gitterrosten hergestellt werden, Abdichtung und Entwässerung entfallen. Der Gitterrost kann ohne weiteres mit einem zusätzlichen Belag versehen werden. Auch diese Konstruktionen können nachträglich angebracht werden. Je nach Art der geplanten Ausführung sparen Sie mindestens zwischen 2.000 und 3.000 Euro.

100.1: Zum Schutz vor Hochwasser musste der Wohnbereich im OG untergebracht werden (→ 97.3). Ein großzügiger, vor das Gebäude gestellter Balkon in Stahlkonstruktion ersetzt die Terrasse. (Arch.: Schroetter-Lenzi)

100.2: Dieser sehr leicht und reduziert wirkende Balkon steht auf nur zwei Stützen. Befestigungen an der Fassade verhindern das Kippen. (Foto: Hadorn)

Quellen

Hinweis: Die Internetadressen werden ohne den Vorsatz »www.« angegeben.
Abkürzung: F Fotograf / BR Buchrückseite Bild 1 bis 9

Architekten

3PO Bopst Melan Architektenpartnerschaft | 3PO.de (Seite 111, 63.2)
Wolfdieter Albrecht | architekt-albrecht.net (9.5, 9.7, 43.3, 46.3)
ANNABAU | Architektur und Landschaft GmbH | annabau.com
F: Hanns Joosten (90.2–3)
Architectoo | architectoo.de (28.1, 76.4–5, 82.3, BR 8)
F: Stefan Baumann (47.3, 47.7)
F: D. Wilhelmy (40.2-3, 61.2, 76.2–3)
Architektur+Raum | architekturplusraum.de (Seite 9, 16.1–3, 82.4–6, 83.1–2)
Annette Bartsch | annettebartsch.de
F: J. Kottjé (70.3, 71.4, Seite 159)
baurmann.dürr Architekten | bdarchitekten.eu
F: S. Baumann (1.1–2, 1.5, 2.1, Seite 39, 19.2–5, 19.8, Seite 51, 78.5, BR 6)
F: J. Kottjé (20.1, 29.3, Seite 79, 45.1, 45.3, 48.3, 79.3, 83.7)
F: Linus Lintner (47.1)
Becher + Hatzijordanou | brh-berlin.de (Seite 11, 1.4, Seite 65, 80.1)
F: Stefan Müller (1.3)
Becker + Schöne | becker-schoene-architekten.de (93.2)
Florian Braun Architekt | buerobraunmuenchen.de
F: H. Koepke (26.2, 44.1, 81.2–5)
Denzer & Poensgen | denzer-poensgen.de
F: Johannes Kottje (82.1–2)
DMSW Architektur | dmsw.de (48.2)
F64 Architekten | f64architekten.de
F: Rainer Retzlaff (15.3, 35.2, 87.1, 87.5, 96.2–3, 96.5)
Fabi architekten | fabi-architekten.de
F: Herbert Stolz (10.1–3, 24.1–4, 25.4, 43.4, 44.3–4, 46.1, 47.2, 47.4–6, 63.5, 84.4, 93.1, 95.1, 95.3–4, BR 3, 4)
Fuchs, Wacker | fuchswacker.de (Seite 141, 80.3–5)
GJL Architekten Grube Jackel Löffler | gjl.de (96.6)
GLS Architekten AG | glsag.ch
F: Johannes Kottjé (90.1)
Günther & Schabert | architekturusw.de (2.3–4)
H2M Architekten + Stadtplaner GmbH | h2m-architekten.de
F: Johannes Kottjé (19.10, 90.5)
F: Monika Nikolic (11.1, 11.2, 40.1, 45.2, BR 5)
Haus-mit-Zukunft | Architekten | haus-mit-zukunft.de (85.1)
HBH Architekten | architekten-hbh.de (15.1, 38.1–3, 72.3, 76.1, 84.4–6)
Hochstrasser Architekten | hochstrasser.com (14.3, 41.1–2)
Hummert-Architekten | hummert-architekten.de (4.3, 86.1, 86.5)
Humperdinck Architekten | humperdinck-architekten.de (81.6–7)
J2M Jeckel Mayr Metz Architekten | j2m-architekten.de (83.4, 83.4–5)
JUDARCHITEKTUR | judarchitektur.de
F: Rafael Krötz (12.2, 36.2)
Nikolaus Knebel + Henning v. Wedemeyer | truarchitekten.de
F: Ulrich Schwarz (88.1–4)
Klaus Loenhardt, Christoph Mayr (Seite 127, 90.4)
Michael Meyer | A-2-M.de (43.1–2, 44.2, 89.1, 93.4, 93.6)
nonconform | nonconform.at
F: Rupert Steiner (36.1, 69.4–6, 98.1, 98.3–4, 99.1–3)
Martina Schlude | schlude.com (93.5)
Bauatelier Schmelz & Salomon | bauatelier.at (91.1–5, 94.3)
Atelier Werner Schmidt | atelierwernerschmidt.ch (2.5, 35.1, 92.1, 92.5–6)
Schroetter-Lenzi | schroetter-lenzi.com (3.3, 3.5, 14.1, 25.5, 43.5, Seite 91, 72.5, 78.1, 78.7, 97.1, 100.1, BR 9)
F: Stiplovsek (25.1)
ARCH 01 architekturbüro volker schwab – www.schwabarchitektur.de (Seite 25, 9.1–3, 25.2–3, 35.3, 44.5, 46.4, 48.1, 63.1, 69.2–3, 73.1–2, 77.1–4, BR 2, 7)
ARCHITEKTEN STEIN HEMMES WIRTZ | stein-hemmes-wirtz.de
F: Linda Blatzek (65.1)
R S T Richard Stihler Architekt | rst-architekten.de(5.1–2, 63.4, BR 1)
Büro STOLL für Architektur und Design | buerostoll.com (52.4–5)
als: W67Architekten Schulz + Stoll
F: W. Dechau (Seite 171)
M. Vonhoegen | vonhoegen-architekten.de (81.1)

Unternehmen, sonstige Quellen

Abus Security-Center | abus.com (56, 56.1)
Allerstorfer | allerstorfer.net (70.2)
ALUMAT-Frey GmbH | alumat.de (50.3)
Artweger | artweger.at (27.1)
Beck | schlosserbeck.de (57.2)
Bien-Zenker GmbH | bien-zenker.de, F: Rolf Schwarz (3.2)
Busch-Jäger | busch-jaeger.de (60.1–3)
CeGeDe | cegede.de (39.1)
Cibes Lift AB | www.cibeslift.com/de (52.1)
Claytec | claytec.de (62.2)
Domizil GmbH | domizillift.de F: Jörg Kimmich (53.1, 53.4)
Dorma Deutschland GmbH | dorma.de (34.1)
Duravit | duravit.de (32.2)
EBERHARD&Partner | eberhard-partner.ch (67.1)
Gerd Evers GmbH | evers-bad-zwischenahn.de (74.1)
ex.t.com (28.3)
fingerhaus-forum.de (37.1)
FSB Franz Schneider Brakel GmbH + Co KG | fsb.de (49.2, 49.4)
GAH | gah.de (57.1)
Gira | gira.de (6.1, 58.1, 59.1–2)
Granberg GmbH | granberg.de (17.1, 18.1–5)
GROHE AG | grohe.com (31.1)
GUTJAHR Systemtechnik GmbH | gutjahr.com (50.1–2)
Habefa | habefa.de (54.1)
Hadorn | hadorn-metallbau.ch (100.2)
Hatria | hatria.com (32.1)
HEWI Heinrich Wilke GmbH | hewi.com (49.3)
Hiro | hiro.de (53.2)
Hörmann | hoermann.de (78.2)
Holzbau Seifert | holzbau-seifert.de (95.2)
Thomas Hupf Gartenbau | gartenbau-hupf.de (71.2, 75.1)
immergrün GmbH | immergruen-steinheim.de (68.3)
Kampa | kampa.de (78.3)
Keramag | keramag.de (28.2, 30.2)
Kessel AG | kessel.de (29.4–5)
KEUCO GmbH & Co. KG | keuco.de (49.1)
Küffner Aluzargen | kueffner.de (33.1)
massive-leuchten.de (4.1)
Christian Meub Gartengestaltung | gartengestaltung-cmeub.de (72.1–2)
mission-wohntraum.de (8.1)
optigrün Int. GmbH | optigruen.de (68.1)
Riedl Aufzüge | riedl-aufzuege.de (53.3)
Saint-Gobain Glassolutions Germany | glassolutions.de (42.1–2)
schmotzamsee.de (70.1)
Slavona | slavona.eu (37.3)
Tegernseer Stimme | tegernseerstimme.de (92.2)
V&B Fliesen GmbH | villeroy-boch.co (26.1, 30.1)
Vaillant | vaillant.de (64.1)
ventano.de (37.2)
WERU GmbH | weru.de (4.2)
Wetzler | haus-wetzler.de (3.1)
Zinco GmbH | zinco.de (68.2)

Fotografen

Stefan Baumann (bild_raum) | bild3.de
Linda Blatzek | lindablatzek.de
Wilfried Dechau | wilfried-dechau.de
Hanns Joosten | hannsjoosten.de
Henning Koepke | henningkoepke.de
Johannes Kottjé | kottje.de
Rafael Krötz | rafaelkroetz.de
Stefan Müller | stefanjosefmueller.de
Monika Nikolic | monikanikolic.com
Rainer Retzlaff | rainerretzlaff.com
Rolf Schwarz (Schwarz Fotodesign) 07141 / 440 666
Ulrich Schwarz | architektur-fotografie.net
Rupert Steiner | rupertsteiner.com
Herbert Stolz | herbertstolz.de
Klaus Wiendl | klaus-wiendl.de (92.3)
Dirk Wilhelmy | www.wilhelmy-fotografie.de

Allen, die mit Projekten und mit Bildmaterial zu diesem Werk beigetragen haben, sei hier herzlich gedankt. Für alle Projekte und Bilder ohne Quellenangaben liegt die Urheberschaft bzw. das Copyright beim Autor.

Der Autor

Achim Linhardt lebt und arbeitet als Freier Architekt in Stuttgart. Neben der publizistischen Tätigkeit liegt sein Schwerpunkt in der praktischen Tätigkeit im Wohnungsbau und hier im Bereich des Umbaus und der Modernisierung. Achim Linhardt berät bei der Suche und beim Erwerb von Gebrauchtimmobilien und in Fragen der Energieeinsparung.

Kritik und Anregungen sind willkommen an buero@achim-linhardt.de.